口絵 1　アジア稲作農業の典型的風景（ブータン・パロ）。水田と山と川が独特のアジア稲作農業の農村風景を創り出す。

口絵 2　水田と熱帯果樹と池のある風景（ベトナム・タイグエン）。アジアの稲作農家の多くは稲と熱帯果樹とアヒル・魚（池）といった農業形態を採っている。

口絵 3　未整備な水田圃場《ほじょう》（タイ・コンケン）。多様な区画形状の圃場が分布している。アジアの水田の多くはこうした未整備の状況にある。

口絵 4　水田の耕耘《こううん》・代掻《しろかき》作業（バングラデシュ・ダッカ）。稲作の主要農作業である水田の耕耘・代掻きを役牛の牽引によって行う。自然依存型農業生産システムの一つの典型例。

口絵 5　苗代で稚苗《ちびょう》を束ねる田植えの準備（ベトナム・ハイフォン）。稲作農業は田植え方式と直播方式があるが，アジア稲作農業の大勢は苗代で育てた稚苗を本田に移植する田植え方式である。

口絵 6　田植え作業（バングラデシュ・ダッカ）。田植えも人の手によって行う自然依存型であり，まだ田植機といった資本依存型農業生産システムにはなっていない。

口絵 7　刈り取り作業（ベトナム・ハノイ）。手作業で稲の刈り取りを行う。人手の掛かる田植えや刈り取り作業は相互扶助の精神にのっとって隣近所が相互に助け合って行う。

口絵 8　圃場からの稲束搬出作業（ベトナム・ハノイ）。圃場で刈り取られた稲束を天秤で担いで家まで運ぶ。リヤカーなどの運搬手段は少ない。

口絵 9　路上での乾燥作業（ネパール・カトマンズ）。米の脱穀・調整・乾燥作業もすべて自然依存型であり，米は路上に並べて天日で乾燥する。

口絵10　袋詰めされた米の運搬作業（ミャンマー・ヤンゴン）。東南アジアや南アジアでは精米業者や卸売商などが農家から米をモミのまま買い付け，その米を精米して袋詰めにして小売商などに販売する。

口絵11　店頭の米販売風景（タイ・バンコク）。何種類もの米が店頭に並べて売られている。

KUARO 叢書 ——— 3

アジアの農業近代化を考える

■東南アジアと南アジアの事例から

辻　雅男 著

九州大学出版会

はじめに

アジアの農業といっても、その対象範囲は広い。日本、韓国など温帯モンスーンに立地する東アジア地域の農業もあれば、熱帯雨林地帯や亜熱帯地帯に立地する東南アジア地域の農業もある。そして乾燥・半乾燥地帯に立地する南アジア地域の農業もある。また稲作部門もあれば、バナナ、パイナップルなどの果樹部門もあり、そして野菜部門もあるというように多種多様である。

この多種多様なアジアの農業を統一的にとらえる分析装置を用意することは容易であるはずがない。そこで本書では東南アジアと南アジアの国々で展開している農業近代化、とりわけ稲作農業の近代化に焦点を絞って、その中でも代表的な事例を対象に、その具体的実態を多角的に紹介することにした。

代表的な事例といっても、もとよりそこに選択の基準があるわけではない。各国各地域でそれぞれユニークに展開している種々の農業近代化の中から代表的な事例を選択することは至難の業である。したがって、本書で選択した代表例は、私の浅い経験とごく一般的な常識を判断基準にして選択したに過ぎない。しかし、そうしたことを承知の上で、私は本書で私の考え方を素直に述べようと思う。もとより多種多様なアジアの農業近代化を解釈する一定の理論があるわけではない。その意味で本書は私の固有の考え方を勝手に述べたままであるが、アジアの農業を考える一助になれば幸いである。

本書で取り上げた事例はそのほとんどが一九八〇年代に私がＦＡＯ（国連・食糧農業機関）に勤務していた頃に初めて訪れ、その後何回か訪問する機会を持った国々である。私はそこで各国の農業・農村が近代化されていく変遷を目の当たりにすることができた。

二〇〇二年も久しぶりにタイのバンコク近郊農村やベトナムのハノイ近郊農村を訪れる機会を持ったが、その変貌ぶりに驚かされた。農民や子供たちの服装は明るくこぎれいになり、生活水準の向上が窺われた。また農業も圃場《ほじょう》や用排水路、そして農道などが整備され、圃場には小型耕耘機《こううんき》が導入され、以前に比べて大いに変化していた。以前はその多くが自然に依存する自然依存型農業であったが、わずかの間に自然を資本に代替した資本依存型農業に変化してきている。このように最近のアジアの多くの国々では生活面にしても、農業面にしても以前に比べてはるかに近代化され、農村全体が明るくきれいになった感じがする。

そこで本書で取り上げる農業近代化の代表的事例を紹介しておこう。その一つは、開発途上にあるアジアの多くの国々がまず最初に実現を目指す食糧自給のための農業近代化であり、その主内容は農業生産過程における農業生産システムの転換になる。アジア地域の場合、この農業近代化が「緑の革命」という技術変革を契機に展開している点に特徴がある。二つは、同じ農業生産過程における農業近代化の事例ではあるが、経済体制が社会主義体制から資本主義体制に移行することによって、言い換えれば制度変革を契機に展開する移行経済下の農業近代化であり、多種多様な農業近代化の中の一つの興味ある事例として取り上げた。そして三つは、農産物流通過程において展開する農業近代化である。この農業近代化は食糧自給が達成され、農家がつぎのステップの生活水準の向上などを意識して、農業収益の向上が必要になる状況下で展開する農産物流通システムの転換のための農業近代化である。

本書はこうした代表的な農業近代化の事例紹介と同時に、こうしたアジア諸国の農業近代化に影響を及ぼす国際農産物貿易の事例を日本との関係で分析する。また農業近代化がアジア諸国の農村共同体に及ぼす影響についても考察する。

二〇〇四年三月一日

辻　雅男

目次

はじめに

第一章　農業近代化と米自給

1　農業近代化の意味

――資本依存型農業生産システムと市場型流通システムへの転換――

本書で焦点を当てる農業近代化とはどのような内容であろうか。まずその点を整理しておこう。

一般に農業近代化は幸福な農家生活の追求のために、不合理な農業内容を合理的な農業内容に転換する過程である。そしてここで用いる合理性の判断基準は、資本主義経済体制下では資本の論理の中心を成す経済性や収益性といった経済効率の高さである。

この経済効率を追い求めて、資本は農産物を生産する農業生産過程と、その過程で生産された農産物を流通・販売する農産物流通過程の二つの過程を循環する。そしてこの二つの過程それぞれその合理性を求めて農業近代化が展開する。

このうち農業生産過程における農業近代化は、非効率な人間労働を機械に代替したり、土地や水といったコントロール困難な自然資源を、効率的でコントロールしやすい化学肥料や用排水施設などの資本に代替する過程である。言い換えれば自然依存型農業生産システム

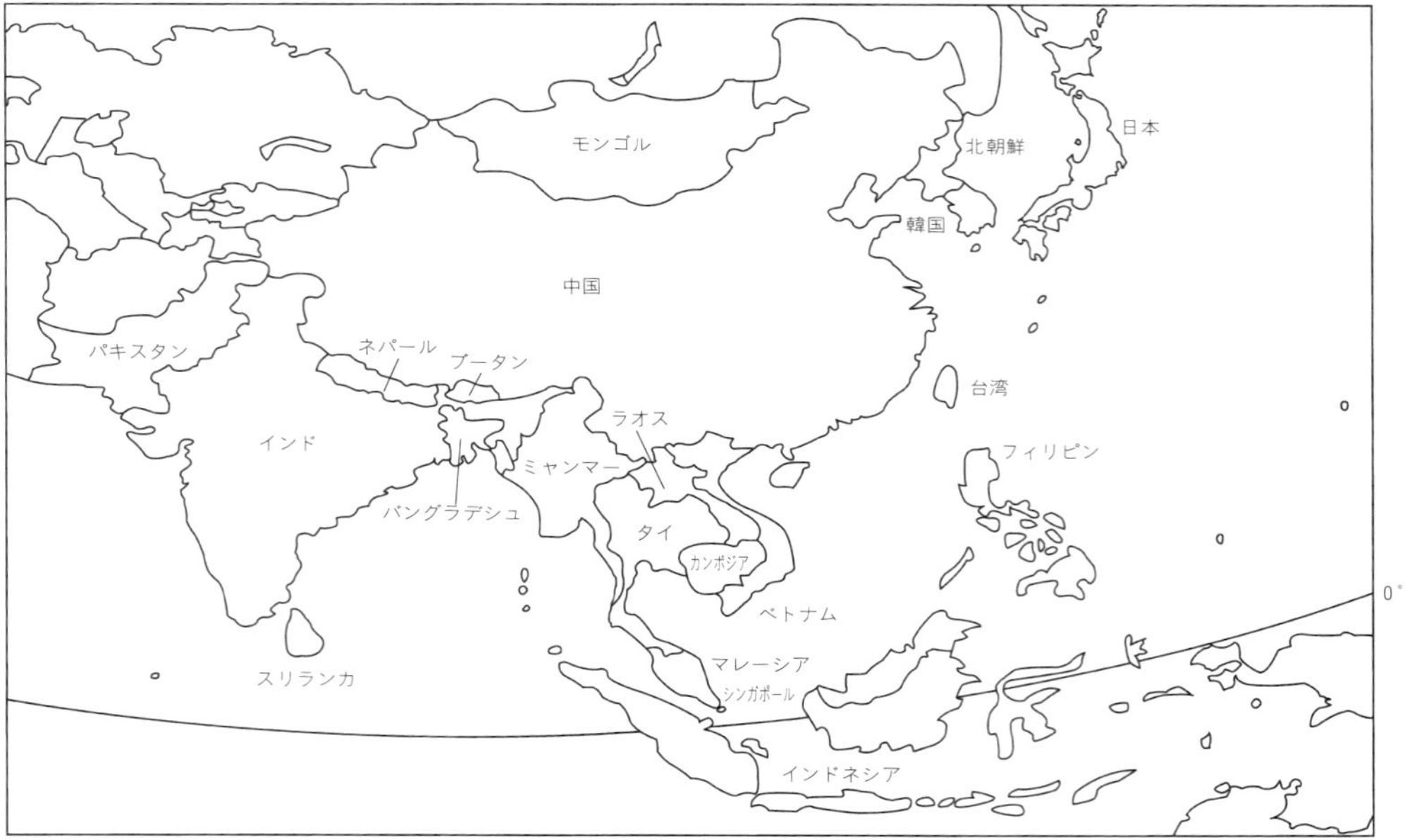

図1　東南アジア・南アジア諸国の位置

（伝統的農業生産システム）が資本依存型農業生産システム（近代的農業生産システム）に転換する農業生産システムの合理化の過程である。

もう一方の農産物流通過程における農業近代化は、生産された農産物が自家消費や地場消費だけに使われて農業収益に結びつかない自給自足的な伝統的流通システムから、商品として正当に評価されて農業収益に結びつき農家生活の向上を実現する近代的流通システムに代替する過程である。言い換えれば自給自足型流通システムが市場型流通システムに転換する農産物流通システムの合理化の過程である。

このように農業近代化とは幸福な農家生活の追求のために経済効率の低い農業生産システムと農産物流通システムを経済効率の高い農業生産システムと農産物流通システムに転換する合理化の過程である。

ところで、すでに農業近代化を経験した先進資本主義国は経済効率優先の農業近代化の結果、環境破壊や人間疎外といった「技術の中の未知」（経済効率優先の農業近代化はその中に必ず未知のマイナス部分が存在すること）に遭遇し、現在その解決に力を注いでいる。その意味で本書で対象とするアジア諸国においても当然「技術の中の未知」が農業近代化で取り上げるべき問題になる。しかし本書はアジア諸国に展開する主要な農業近代化の実態紹介に主眼があるので、この問題はその範囲内で言及するに止める。

2　米自給の達成と農業近代化——農業近代化事例の位置づけ——

アジアの多くの国々における農業の大勢は稲作である。そこで、米の自給達成状況と前述した二つの農業近代化の関係を見ると以下になる。

(1)　米自給の未達成段階——農業生産過程の農業近代化——

米自給がまだ達成されておらず、国民が食糧不足や絶対的飢餓から未解放の状況にある米自給の未達成段階の農家は、米生産量を一層増加させることを目的にして稲作生産過程における農業生産システムの近代化を推進する。アジアの多くの国々の農業近代化はこの稲作生産過程における農業生産システムの近代化がほとんどである。

本書の第三章および第四章はこの段階の農業近代化の事例を紹介する。

この農業近代化がアジア地域の大勢を占める背景にはアジアの多くの国々が直面する人口爆発がある。アジア地域の人口増加率は年平均二〜三パーセントであり、毎年数千万人が増

表1　アジア諸国の人口増加の状況（1970―2001年）

	1970年（1,000人）	2001年（1,000人）	指　数
ベトナム	42,898	79,175	184.5
バングラデシュ	66,479	140,369	211.1
インド	554,911	1,025,096	184.7
インドネシア	120,086	214,840	178.9
マレーシア	10,853	22,633	208.5
ミャンマー	26,852	48,364	180.1
ネパール	11,880	23,593	198.5
パキスタン	61,861	144,971	234.3
フィリピン	36,553	77,131	211.0
スリランカ	12,306	19,104	155.2
タイ	36,145	63,584	175.9
日本	104,331	127,335	122.0

注：指数は1970年値＝100
資料：FAO Database

え続ける計算になる。表1は一九七〇年を基準に二〇〇一年の人口増加指数を見たものであるが、これによると三〇年間に二倍以上またはそれに近い人口増加を示した国としてパキスタン（二三四・三）を最高に、バングラデシュ（二一一・一）、フィリピン（二一一・〇）、マレーシア（二〇八・五）、ネパール（一九八・五）が存在する。

ついで指数一八〇前後のインド（一八四・七）、ベトナム（一八四・五）、ミャンマー（一八〇・一）、インドネシア（一七八・九）、タイ（一七五・九）が一つのグループを形成している。日本（一二二・〇）と比較するとアジア各国の人口増加がいかに爆発的なものであるかが理解できる。

この爆発的に増加した人口を今後、扶養し続けるためには、人口増加率の上昇速度にも増して高い土地生産性が確保できる農業生産システムへの転換が必要になる。在来の非効率な自然依存型農業生産システムではこの爆発的に増加した人口を扶養し続けることが困難であることは疑いない。

ちなみに、二一世紀における食糧自給のシナリオを人口増加率と食糧（米・小麦）生産量の増加率との組み合わせによって単純に推計してみると、多くの開発途上国が二一世紀になっても、まだ食糧自給が完全には達成できないことがわかる。たとえば人口爆発がもっとも激しい南アジアの国々を例にとると、南アジア五ヵ国（インド、バングラデシュ、パキスタン、ネパール、スリランカ）のうち、表1で人口増加指数が他国に比べて低いスリランカを除いた残り四ヵ国は二一世紀になっても、まだその食糧自給は十分には達成できていない。しかもその最悪のシナリオは人口増加率が現在の伸び率のまま推移して、食糧生産量が現在のトレンドの最低の伸び率を示す場合であり、四ヵ国とも二一世紀の食糧自給率は六〇～八〇パーセント水準止まりで、食糧不足からの解放は期待できない。

こうした状況は南アジアと同様に人口増加率が高い東南アジア諸国においても程度の差こ

そあれ同じである。東南アジア地域でも異常気象や病害虫などが一度発生すれば、たちまち土地生産性は低下し、食糧自給は達成できなくなる。

こうした背景の中でアジアの多くの国々では農業生産過程における農業近代化が大勢を占めることになる。

(2) 米自給達成と商品作物の流通段階――農産物流通過程の農業近代化――

この段階は米自給がすでに達成され、食糧不足や絶対的飢餓が解消され、国民や農家の願望が生活水準の向上といった福祉厚生に向かう。そのため生活水準の向上などの福祉厚生を実現するための財源となるべき農業収益の獲得が必要になる。しかし、そのためには旧来の物々交換的流通を主内容とする自給自足型流通システム（写真1・2）では農業収益の獲得は難しい。そこで流通過程における農産物流通システムの近代化が必要になる。

この流通過程における農産物流通システムの近代化は開発途上にあるアジアの国々ではまだ少ない。しかし、近年、アジアの国々は国家レベルと農家レベルにおいて移行期にさしかかっている。国家レベルでは国家の農業・農村政策がこれまでの食糧不足や絶対的飢餓からの解放といった食糧増産政策から、農家の生活水準の向上等を目的にした福祉厚生政策に移

写真 1　朝市における農家の直接農産物販売（ブータン・ティンプー）。伝統的な自給自足型流通システムが東南アジアや南アジアでは大勢である。

写真 2　水上マーケット（タイ・バンコク）。農家が小舟で農産物を直接販売する。

行する時期にさしかかっている。一方、農家レベルでは「緑の革命」に伴う高収量品種の普及によって、米の単位収量が飛躍的に増大し、その結果、稲作経営構造が稲単作から多毛作へと質的に変化しつつあり（第三章参照）、アジア稲作農業は農家レベルにおいて量的革命段階から質的革命段階への移行期にさしかかっている。

こうした状況下で、今日、アジアの多くの国々の関心が農業生産過程における農業近代化の実現と同時に、流通過程における農業近代化の実現にも向けられ始めている。そしてその契機は以下である。たとえアジアの多くの国々で稲作生産過程の農業近代化が実現して、農家の米生産量が自給自足段階を越えて余剰米が生産できるまでになったとしても、その余剰米を販売することができなければ農業収益には結びつかない。また経営構造が稲単作から多毛作へと質的に変化して、稲作以外の商品作物が農家レベルで生産可能になったとしても、それが販売できなければ農業収益には結びつかない。結びつかなければ農家の生活水準の向上といった福祉厚生の実現はできない。

このような意味で、現在、アジアの多くの国々の関心が流通過程における農産物流通システムの近代化に移行しつつある。

本書は第五章でこの事例としてインドネシアのトウモロコシを取り上げている。

第二章　土地・水資源利用の展開と農業近代化

農業生産過程における農業近代化は農業生産の重要な要素である土地・水資源利用と深く関わっている。そこで、本章ではアジアの主要稲作国における土地・水資源利用の状況をまず概観しておくことにしよう。

1 農地規模拡大の道筋――タイの事例――

一般に、稲作生産量を増加するための農地規模拡大の方法には二つある。その一つは、外延的規模拡大と呼ばれる耕地面積規模そのものの面的拡大であり、もう一つは、内包的規模拡大と呼ばれる土地豊度の質的向上である。このうち前者の外延的規模拡大は開墾等による耕地面積の拡大によって米生産量の増加を図る方法であり、後者の内包的規模拡大は既存の耕地面積に肥料などを施肥して土地豊度を高め単位収量の向上を図って米生産量を増加させる方法である。

この二つの規模拡大は一般的には、①まず耕地面積の拡大によって米生産量を増加する外延的規模拡大を進める第一段階、その後、②この外延的規模拡大と単位収量の増加を目的とする内包的規模拡大の併進によって米生産量の増加を図る第二段階、③ついで外延的規模拡大が限界に達すると内包的規模拡大によって米生産量の増加を図る第三段階といった三段階の道筋を辿る。そして農業生産過程における農業近代化、すなわち農業生産システムの合理化は多くの場合外延的規模拡大と内包的規模拡大が併進する第二段階から始まる。

そこで、この規模拡大の過程を東南アジア最大の米輸出国で稲作が盛んなタイの事例によって見てみよう。

タイの規模拡大過程は図2で明らかなように、一九九〇年を境に二つの時期に区分できる。第一期は一九九〇年までの外延的規模拡大期である。この時期は年を追うごとにグラフが右にシフトして農地面積規模が拡大するが、単位収量は一九六一年から一九九〇年までの間おおむねヘクタール当たり一・九トン前後を推移して、それほど変化しない。第二期は、一九九一年以降であり、外延的規模拡大が限界に達して内包的規模拡大に転換した時期である。農地面積は一九九一年の二一五一・六千ヘクタールを最高に、むしろ減少傾向になるが、単位収量はヘクタール当たり二トンを超えて、二〇〇一年にはヘクタール当たり二・六

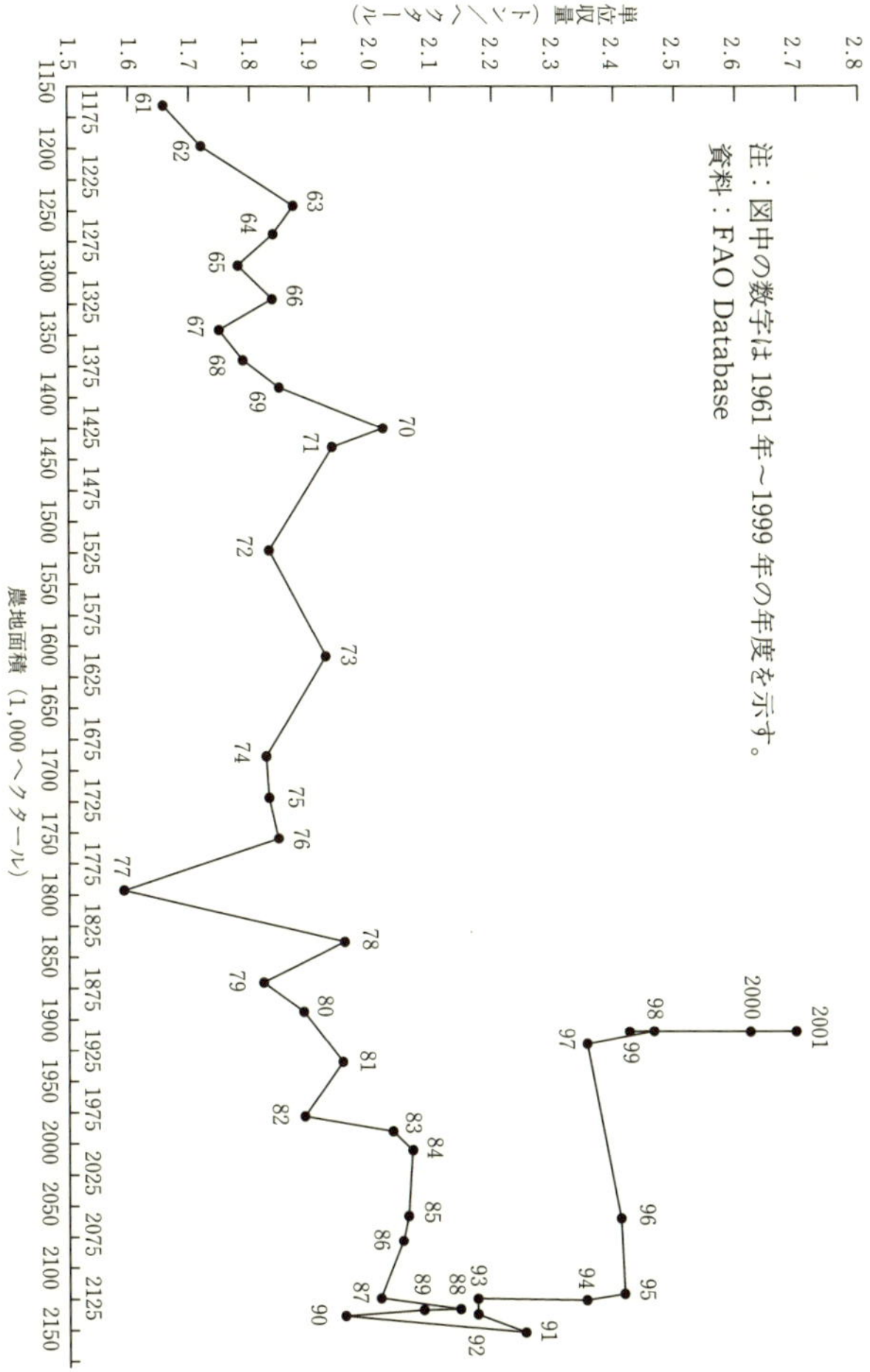

注：図中の数字は1961年～1999年の年度を示す。
資料：FAO Database

図2　規模拡大の道筋——タイの事例——

トン以上にまで増加する。

これで明らかなようにタイは一九九〇年までの外延的規模拡大による米生産量の増加を図る第一段階から、一九九一年以降は、むしろいきなり内包的規模拡大によって米生産量の増加を図る第三段階に入ってしまい、外延的規模拡大と内包的規模拡大の併進によって米生産量の増加を図る第二段階を飛び越しているように見える。

2　併進型規模拡大グループと内包型規模拡大グループの存在

上述した事例は稲作生産が成熟したタイの場合であり、他のアジア主要稲作国はどのような規模拡大過程を辿っているかを概観しておこう。

稲作生産力は第一義的にはその国の米の生産総量の多寡によって把握できる。そこで、稲作生産力の推移を一九七〇年を一〇〇とする米生産量指数によってみると（図3）、アジアの主要稲作国は二〇〇二年の米生産量指数によって、つぎの三グループに分類できる。

高生産量グループ：指数二〇〇以上

ベトナム（指数三三四）、ミャンマー（同二六八）、インドネシア（同二六六）、

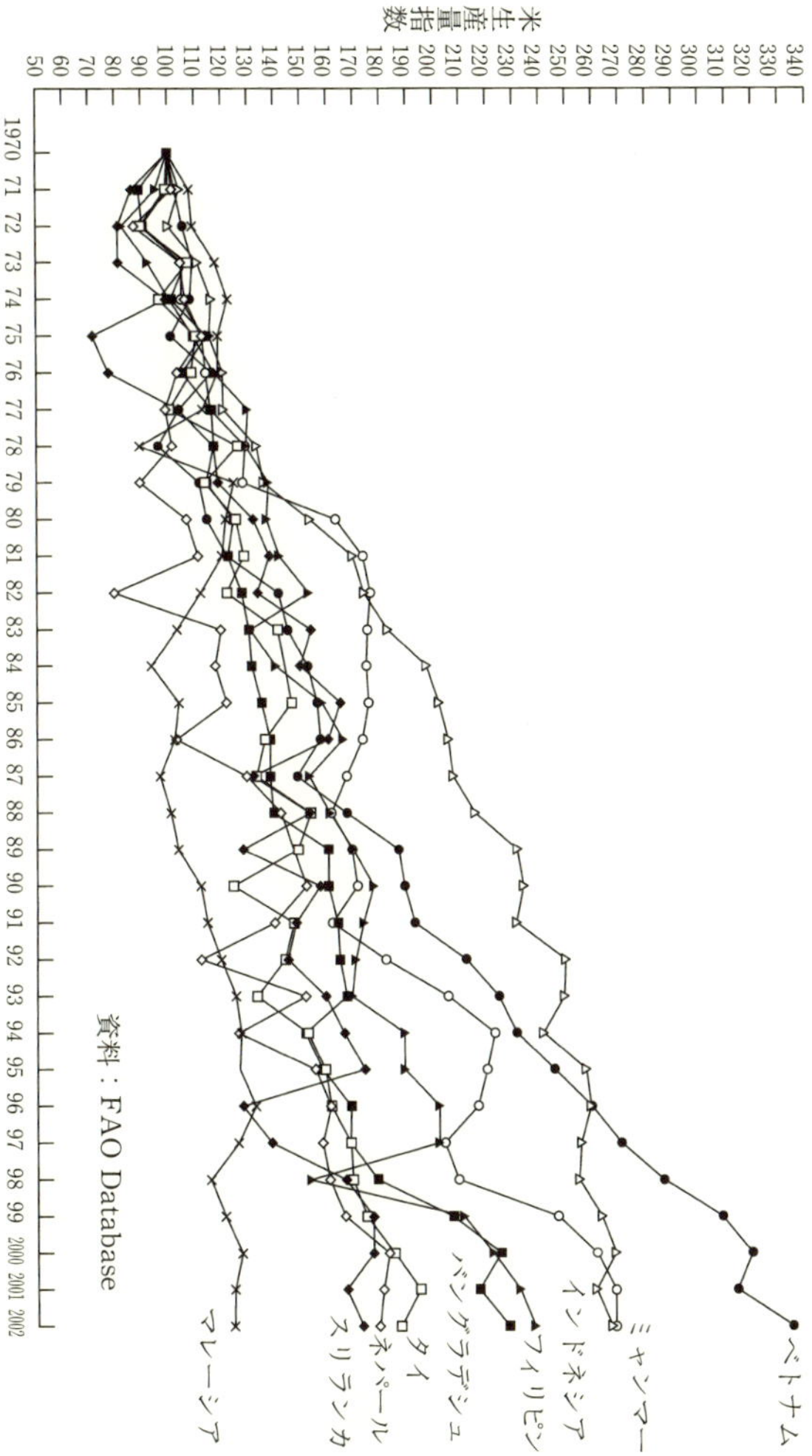

図3　米の生産量指数（1970年値＝100）

フィリピン（同二三七）、バングラデシュ（同二二八）

中生産量グループ：指数一五〇～二〇〇

タイ（指数一八七）、ネパール（同一七九）、スリランカ（同一七三）

低生産量グループ：指数一五〇未満

マレーシア（指数一二四）

つぎにこれらの稲作生産力の伸びが何に起因しているかを考察しておこう。

稲作生産力を示す米の生産量は稲作面積と単位収量の積として表される。したがって、米生産量は稲作面積と単位収量の伸びを把握することによって、どちらに起因しているかが把握できる。

まず米生産量が一九七〇年の二倍以上の増加を示す高生産量グループについてみると、このグループに属する五ヵ国のうちベトナム、ミャンマー、インドネシア、フィリピンは図4、5で明らかなように、稲作面積指数と単位収量指数の両指標が一貫して右上がりの傾向を示し、外延的規模拡大と内包的規模拡大が併進して米生産量が増加していることが考察され、これらの諸国は併進過程にあることがわかる。ただ、高生産量グループに属するバングラデシュは稲作面積指数がほぼ横這い状態の傾向でありながら（図4）、米生産量は急速に

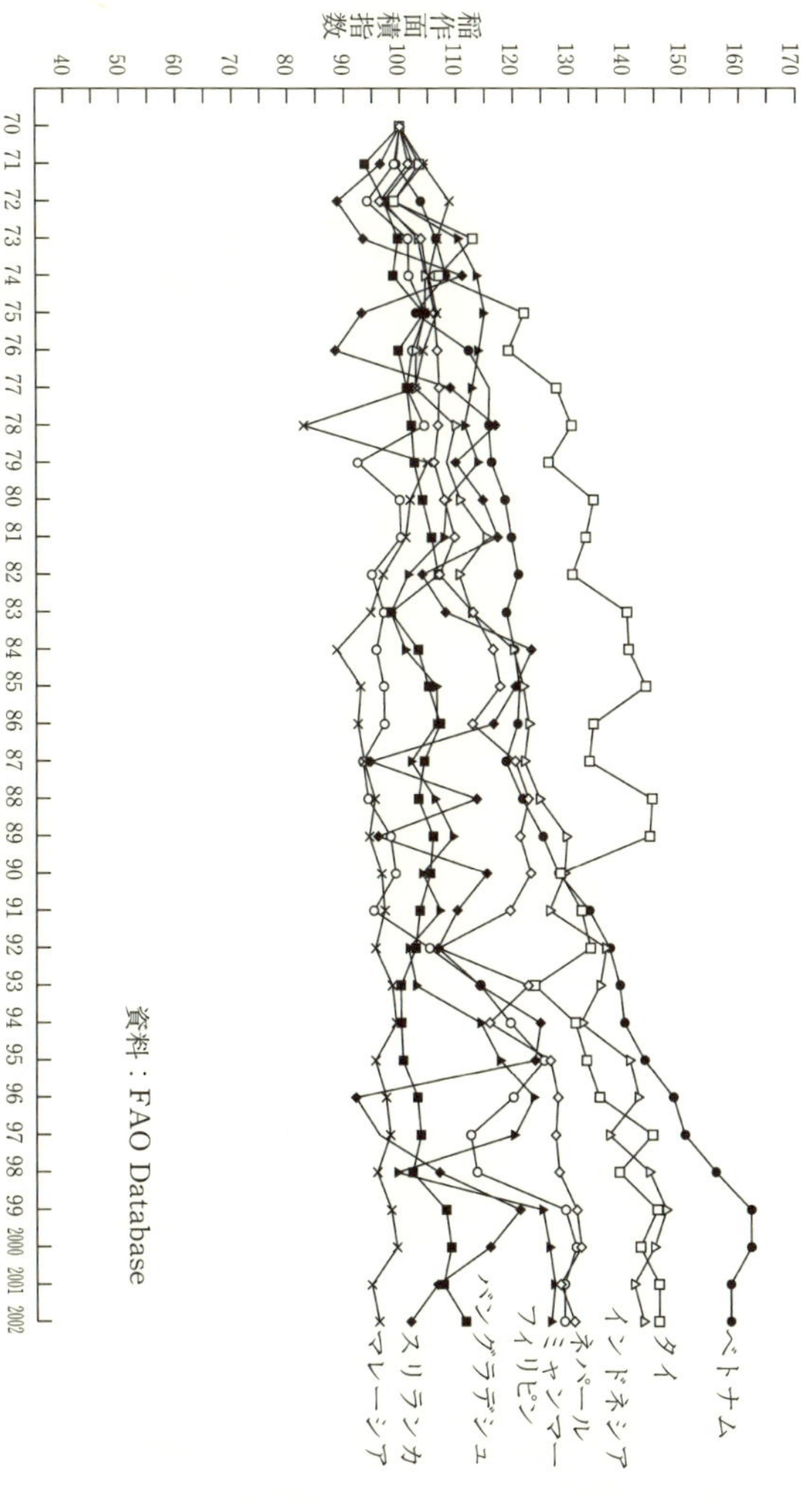

資料：FAO Database

図 4　稲作面積指数（1970年値＝100）

増加しているのは、図5で明らかなように単位収量指数が一貫して右上がりの傾向を示すことから、単位収量の伸びに起因していることが把握される。したがって、バングラデシュは内包的規模拡大の過程にあり、同国では稲作適地がほとんど耕地化されて、外延的規模拡大が限界に達していることを示している。

つぎに中生産量グループについて見ると、タイはすでに事例分析でも確認したように外延的規模拡大は限界に達して、内包的規模拡大の過程にある。事実、図4で明らかなようにタイの稲作面積指数は一九八九年の指数一四〇前後をピークに上下する傾向にあり、一貫した右上がりの傾向は示していない。しかし、図5の単位収量指数は緩慢ながら一貫して右上がり傾向を示している。同様のことがスリランカについても言える。図4の稲作面積指数は一貫した右上がりの傾向ではなく、指数一二五前後をピークに上下している。しかし、図5の単位収量指数は一貫した右上がりの傾向を示す。これらのことからタイとスリランカは外延的規模拡大過程から内包的規模拡大過程に転換していることが考察される。一方、このグループに属するネパールは図4、5で明らかなように稲作面積指数も単位収量指数も緩慢ではあるが一貫して右上がりの傾向にあり、外延的規模拡大と内包的規模拡大の併進過程にある。

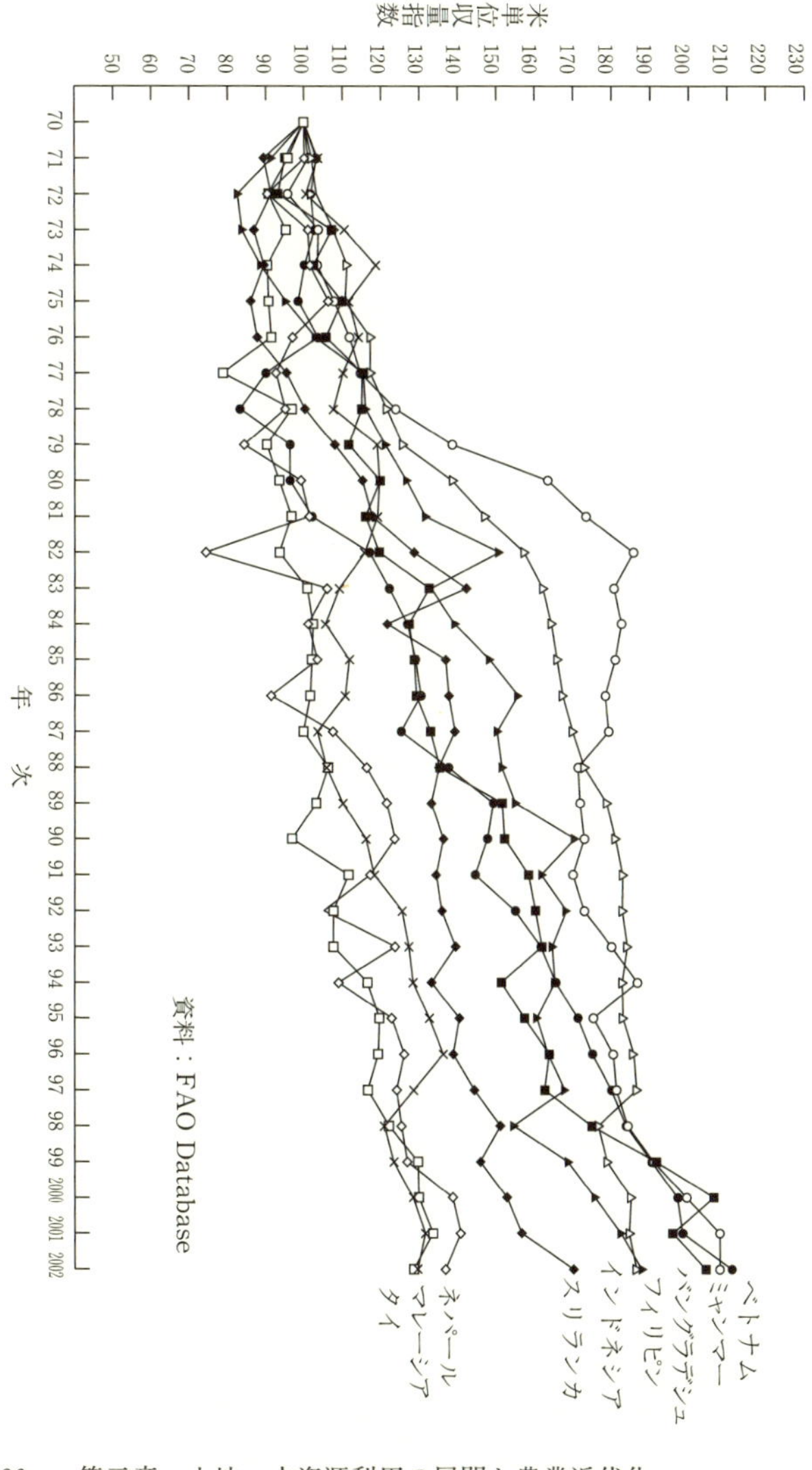

図5　米の単位収量指数（1970年値＝100）

低生産量グループのマレーシアは稲作面積指数が一〇〇以下を横這い状態で推移するにもかかわらず、米生産量が微増する。これは単位収量の微増によるものであり（図5）、マレーシアは低水準ながら内包的規模拡大過程にある。

以上のようにアジアの主要稲作国は規模拡大の内容によって、つぎの二グループに分類することができる。その一つは、外延的規模拡大と内包的規模拡大が併進する併進型規模拡大グループ（ベトナム、ミャンマー、インドネシア、フィリピン、ネパール）、もう一つは、外延的規模拡大から内包的規模拡大の過程に入った内包型規模拡大グループ（タイ、スリランカ、バングラデシュ、マレーシア）である。

3　灌漑の展開と稲作生産力

つぎに稲作農業にとって重要な水利用を灌漑の視点から見ておこう。

一般に水管理には二つの側面がある。その一つは作物栽培に直接必要な水を確保するための灌漑であり、もう一つは利水後の不必要な水の排水である。この灌漑と排水の両要因が大河川の水管理システムの中でも、また圃場レベルの水管理システムの中でも有機的に結合し

写真 3　圃場レベルの用排水路（ベトナム・ハイフォン）

写真 4　近代化された用水路（タイ・コンケン）

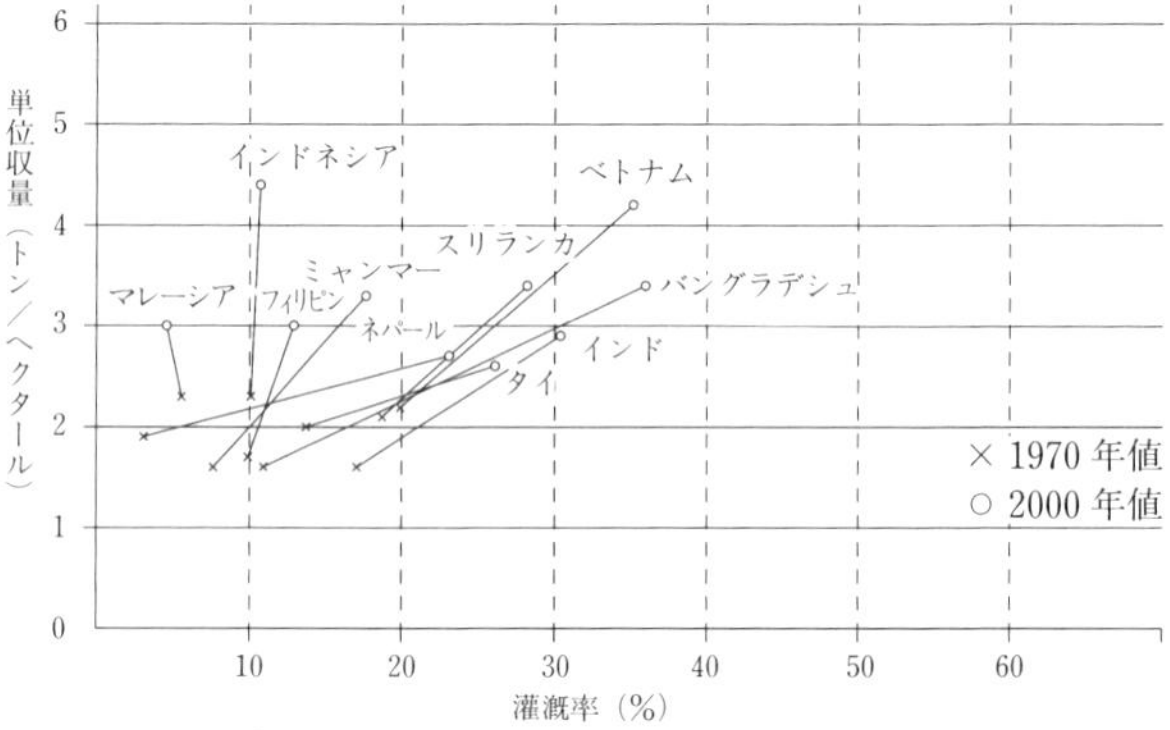

資料：FAO Database

図 6　米の単位収量と灌漑率（1970年と2000年の比較）

て、かつその両システムが全体として有機的に結合した時、それは合理的水利用システムとして機能し、完全な水管理システムが確立することになる。しかし、その点からアジアの水管理システムを見ると、その実態はまだ圃場レベルの灌漑がやっと緒についたばかりである（写真3・4）。それゆえ、ここではその緒についたばかりの灌漑に焦点をあて、灌漑の展開と稲作生産力との関係を考察し、かつそこからアジアの灌漑の今後の展開方向を考えてみよう。

まず前者の灌漑と稲作生産量との関連を灌漑率と単位収量の関係で見ると、図6になる。この図からつぎの諸点が考察される。その第一は、ベトナム、スリランカ、ネパール、タイ、バングラデシュ、インド、ミャンマー、フィリピンはグラフの勾配に差はあるにせよ灌漑率と単位収量が正比例の関係になっていることである。つまり灌漑面積が増加すれば単位収量も増加する右上がりの関係である。第二は、マレーシアとインドネシアは灌漑率が一〇パーセント前後でほとんど変化していないにもかかわらず、単位収量が増加していることである。この理由は化学肥料の自国生産（インドネシア）や一九六〇年代後半から始まった「緑の革命」（第三章参照）による高収量品種の普及などが影響していると考えられる。

以上考察したように、アジアの主要稲作国では灌漑率と単位収量は多少の相違はあるにせよ概ね正比例の関係にある。したがって、今後各国の灌漑が進めば、恐らく単位収量も右上がりの方向に移動すると予測される。それゆえ、今後もしアジアの国々が米生産量の向上を一層目指すならば、灌漑率を高める必要があるだろう。

4　日本の灌漑発展モデルとアジア諸国

図7は把握可能な日本の過去の単位収量をもとに単位収量のトレンドを描き、それと灌漑の発展過程の内容を四つの時代に区分して対応させた図であり、いわば日本の灌漑発展モデ

ルである。これをモデルにアジア各国の灌漑の発展過程を考えてみよう。

まず四つの時代区分のうち、①天水型水管理時代は水の制御がまだ人工的にできないために、稲作栽培を自然の天水条件に合わせて行う栽培学的水管理技術中心の時代である。用水型水管理時代は何らかの土木工学的接近によって用水システムが確立され、一応稲作栽培にあわせる形で人工的に用水管理ができる土木工学的水管理技術を中心にした時代である。換言すれば、この時代はまだ排水システムが未確立であって、合理的水管理システムは未完成である。なおこの時代は土木工学的技術の内容によって、前期と後期に分けられる。②前期はその技術がまだ稚拙であって、用水路なども手労働によって構築される時代であり、③後期は本格的な土木工事によって用水路が確保される時代である。一方、④用排水型水管理時代は土木工学的工事によって、稲作栽培にあわせた形の用排水システムが確立され、人工的に用水と排水が管理できる合理的水管理システム確立の時代である。

この日本の灌漑発展モデルに図6のアジア各国の単位収量を位置づけてみると、灌漑率も単位収量も高いインドネシア、ベトナム、スリランカは後期用水型水管理時代に属し、前期用水型水管理時代にはその他の国々がほぼ属する。したがって、アジアの大半の国々が日本の現在の水準である用排水型水管理時代に達するまでにはまだ時間がかかると推測される。

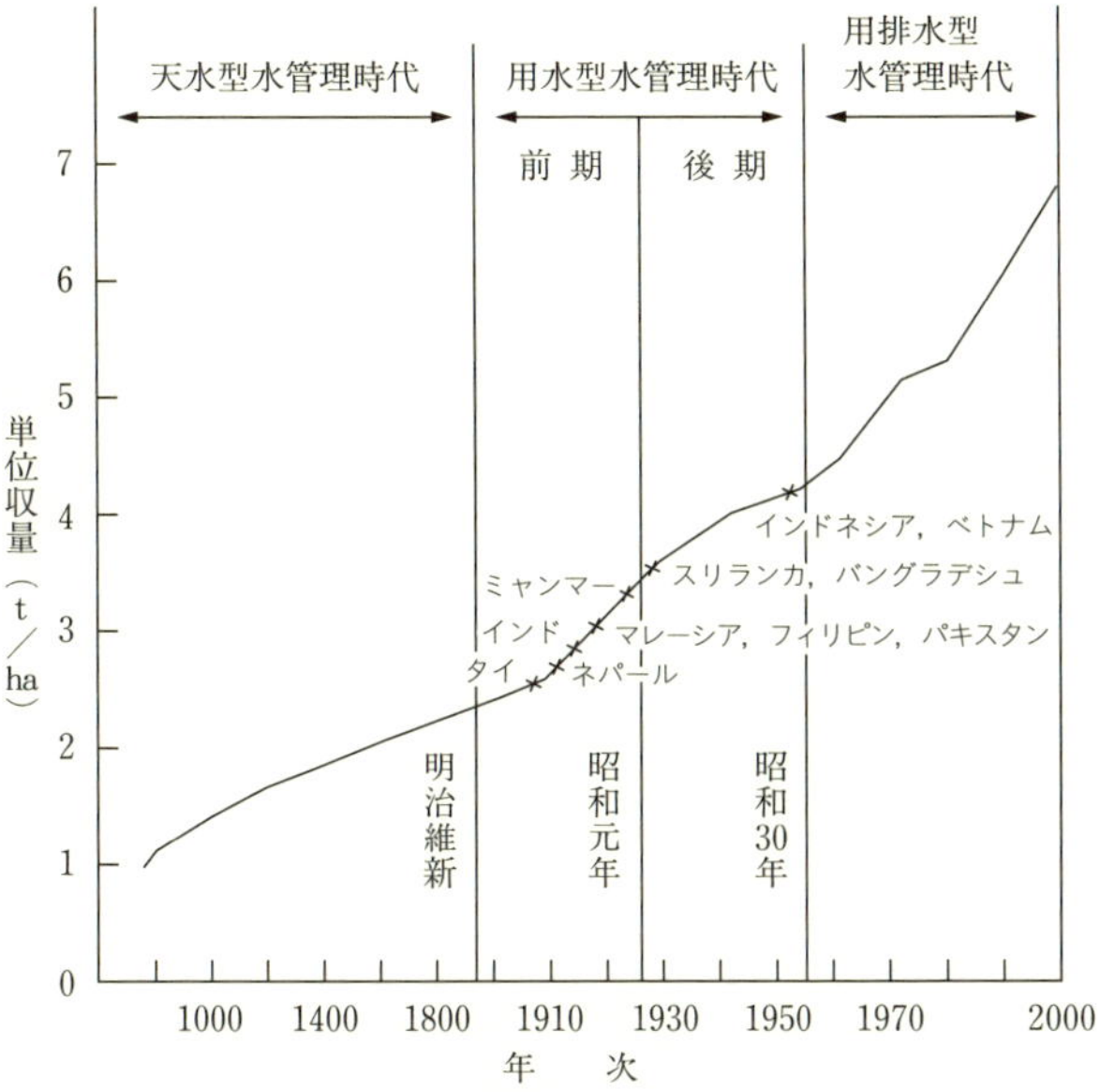

注：実線は日本の単位収量の推移を示す。

図 7　灌漑の発展段階

しかし、これは単純予測であって、もちろん今日ではもっと短期間に到達できるはずである。たとえば稲の近代品種がその国の稲作面積の五〇パーセント以上に栽培されるようになるまでに、日本では約四〇年かかったと言われている。しかし、今日のアジア諸国ではその四分の一の一〇年前後で、それが達成されている。こうした観点からアジア諸国の水管理の今後の方向を考える時、その展開はむしろ急速でさえあると予測できる。その意味で各国はそれぞれの段階に進むための転換期にあり、農業生産システムの近代化もこの水管理システムの近代化が一つの重要な要素になっている。

第三章　技術変革による農業近代化

——緑の革命——

本章ではアジアの多くの国々で展開している農業生産過程における農業近代化を取り上げる。そしてその典型例は緑の革命という技術変革を契機に展開する農業近代化である。そこで、ここでは緑の革命という技術変革に焦点を当て、それを契機に展開する農業近代化の実態を紹介することにしよう。

1 緑の革命誕生の背景

(1) 爆発的な人口増加

緑の革命の第一の背景は第一章で述べたように、アジアの多くの国々が直面している人口爆発である（第一章表1参照）。アジア地域では毎年数千万もの人が増え続ける計算になり、この爆発的な人口増加を今後、扶養し続けるためには、人口増加率の上昇速度にも増して高い土地生産性を確保する新たな農業生産システムの構築、すなわち農業生産過程における農業近代化が必要になる。在来の非効率な自然依存型農業生産システムではこの爆発的な人口増加を扶養し続けることは困難である。

(2) 熱帯アジアの過酷な自然

第二の背景は、アジア諸国、とりわけ東南アジア諸国および南アジア諸国が位置する熱帯アジアの克服すべき過酷な自然の存在である。

過酷な自然の特徴にはつぎの四つがあげられる。第一は、温帯地帯のような春夏秋冬の四季が存在しない代わりに、雨季と乾季が存在し、かつその両季の降雨量の較差が大きいことである。そのためにたとえばバングラデシュのように雨季（六月〜十月）には洪水が発生し、国土の大半が水につかるが、乾季には降雨量が少なく干ばつが発生するといった異常現象を引き起こす。第二は、降雨量の年間格差が大きいことである。たとえばタイのバンコクにおける年間降雨量の変動をみると、ある時期二〇〇〇ミリメートルであった年間降雨量が翌年には一三〇〇ミリメートルと七〇〇ミリメートルも減少する。こうした変動の激しさは熱帯湿潤地帯のどこにでも発生する。第三は、気温が年間を通して高温であり、その年較差が日較差よりも小さいことである。そして第四は、熱帯の強烈な太陽のもとで、日射量が他地域よりも際だって多いことである。この日射量の多さが植物生育にプラスに作用する一方、病害虫の発生、さらには耕土層を浅くするなどのマイナス作用の発生原因でもある。

これで明らかなように、熱帯アジアにおいて単位収量を向上させるためには、農業生産の基本的生産手段である農地の賢い利用と同時にいま述べた自然条件の克服が必要になる。すなわちその第一は、多量で、かつ量的変化の激しい水であり、第二は、周年平均二五℃以上の高温であり、そして第三は、太陽光線の強さである。したがって、農地の賢明な利用とこの三つの自然条件の克服が熱帯アジアにおける単位収量の向上対策になる。

(3) 普及しやすい農業生産システム

第三の背景は開発途上にあるアジア諸国の農家が高いコストを支払わずに収量増に結びつけられる農業生産システムの普及である。

図8は収量増加をもたらす農業生産力の構成要素を示したものである。同図から農業生産力は人間労働の質的向上と生産手段の変革すなわち労働手段と労働対象の変革によってもたらされることがわかる。このうち、人間労働の質的向上は農家の教育や研修などが必要になり、農家にとってはコストがかかりすぎる。

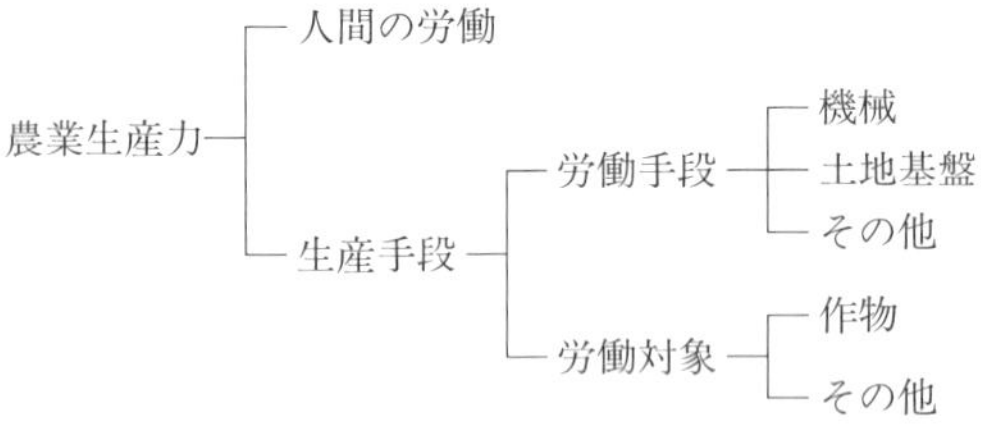

図 8　農業生産力の構成要素

写真 5　国際稲研究所（IRRI）の高収量品種実験圃場
（フィリピン）

一方、労働手段の変革は機械や土地基盤整備の導入などであり、これもコストがかかりすぎる。この点、労働対象の変革、すなわち作物の品種改良は研究開発コストがかかるにしても、農家自身は高収量品種に改良された種モミを安く購入しさえすれば高収量が得られることになり、農家にとっては容易に受け入れられ、普及しやすい方法である。この観点からフィリピンにある国際稲研究所（IRRI：International Rice Research Institute）が稲の高収量品種の開発を行った（写真5）。

2 緑の革命の基本的特徴——二つの緑の革命——

以上の背景の中で、伝統的な在来種とは異なった新たな高収量品種が開発されて緑の革命がスタートする。この新たに開発された高収量品種はアジアの厳しい自然条件下でも、その収量が在来種よりはるかに高くなる。そしてこの新品種の開発は農業生産につぎの二つの「革命」をもたらし、それが農業生産システムの近代化を促進した。

緑の革命についてはすでに多くが語られている。しかし、なぜ緑の革命なのかといった疑問には意外に答えられていない。緑の革命の「革命」たる所以をここでは多肥・収量革命と栽培期間の短縮・多毛作革命に求める。この二つの緑の革命はタイム・ラグをもって進行する。そこで、前者を「第一の緑の革命」とし、後者を「第二の緑の革命」とする。

(1)「第一の緑の革命」――多肥・収量革命の特徴――

「第一の緑の革命」とは新品種の開発がアジアの稲作農業に多肥・収量革命(「緑の量的革命」)をもたらしたことを言う。従来の在来品種は肥料に対する耐肥性が弱かったために、多量の肥料を施肥すると、それによって徒長が生じ、倒伏してしまい、収量がむしろ減ってしまう。

この施肥量と単位収量の反比例の関係が耐肥性の強い新品種の開発によって正比例の関係に転換されたのであり、まさにアジアの稲作農業の施肥量と単位収量における革命である。そこで、ここではこれを多肥・収量革命と呼ぶことにする。

この多肥・収量革命の展開過程とその特徴をスリランカを事例に紹介すると以下になる。

スリランカの米生産量の推移を見ると、緑の革命前の一九六〇年にはおよそ八九万トンであったが、二五年後の多肥・収量革命が全国的に展開した一九八五年には二六三万トンと三倍に増加している。

図9は、こうした米生産量の増加推移を①灌漑面積、②化学肥料消費量(窒素・リン・カリ)、③高収量品種の栽培面積、そして④単位面積当たり収量の四指標の時系列によって見たものである。

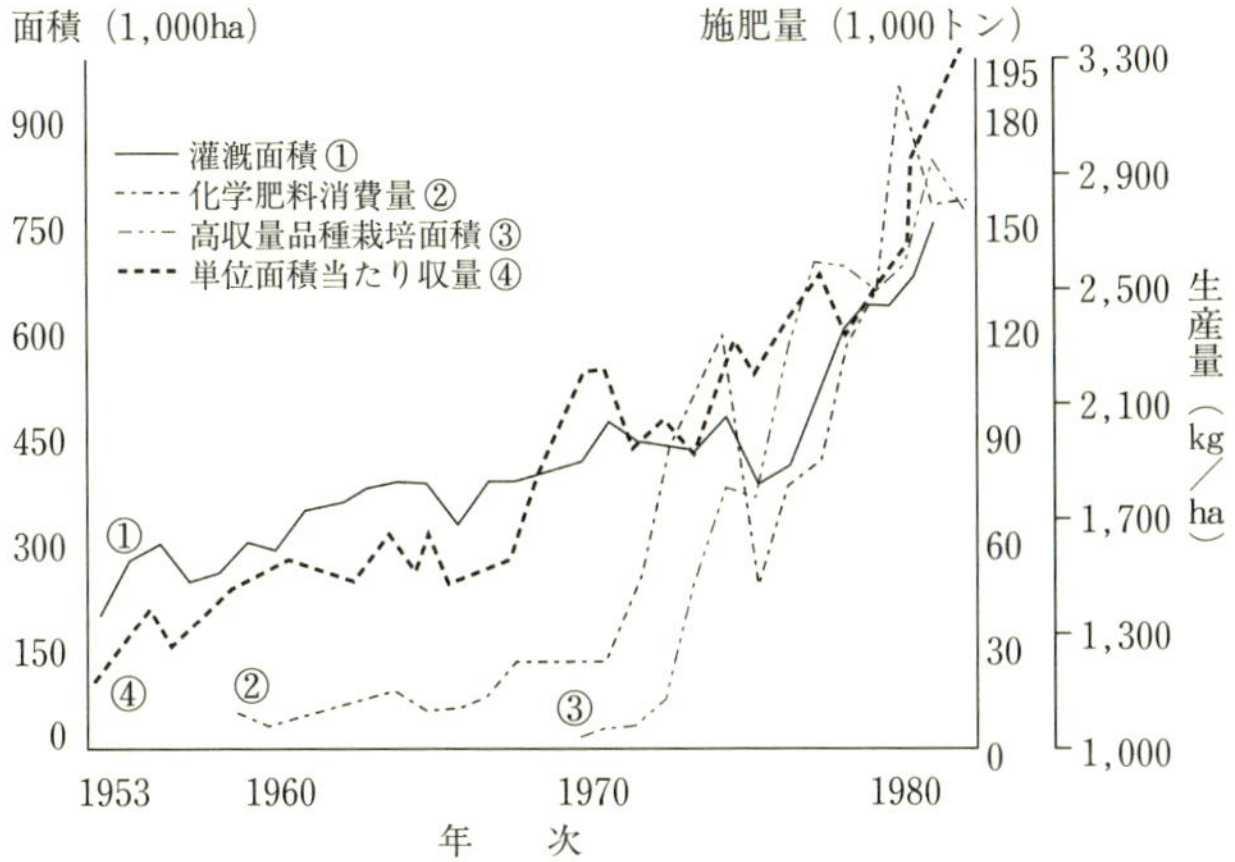

資料：スリランカ統計局資料

図 9　稲作生産力要因の推移（スリランカ）

同図で明らかなように、同国では高収量品種が一九六九年から作付けされ始め、それが年を追って拡大している（同図③）。しかも、その高収量品種の栽培面積の増加は灌漑面積の増加、とりわけ一九七五年以降の灌漑面積増加の傾向に類似している。このことは高収量品種の普及や定着には灌漑条件を備えた土地基盤整備が必要なことを物語るものである。

一方、この高収量品種の普及に伴って、化学肥料消費量も急速に伸びている（同図②）。その化学肥料消費量の推移は高収量品種の栽培面積の推移とほぼ一致している。すなわち化学肥料消費量と高収量品種の栽培面積は比例の関係を示しており、高収量品種が従来の在来種に比べて、多肥性であることがよくわかる。

ところで、単位面積当たり収量は一九五三年以降着実に上昇しているが、高収量品種が導入された一九七三年頃を境に、その上昇テンポが一層速まっている（同図④）。具体的には一九六〇年頃のヘクタール当たり平均一・六トン前後の収量が一九八〇年代初頭には三トン弱にまで達している。この稲作収量の増加は高収量品種の導入、そしてそれを可能にする灌漑技術や化学肥料、農薬のような近代農業技術の採用の展開に負っている。まさに農業生産システムにおける内包的規模拡大の過程である（第二章2の中生産量グループ参照）。

このように、スリランカの米生産量は灌漑面積の増加と耐肥性の強い高収量品種の導入、それを支えた化学肥料によって急速に拡大したと言える。

なお、ここではスリランカを主対象にしたが、その理由は、第一に、同国は米の自給達成を目的として高収量品種を導入し、緑の革命を積極的に推進していること。第二に、同国はアジアの国々の中でも米の単位収量の伸びがきわめて高く、緑の革命の影響が顕著に出ていること。そして第三に、すでに自給を達成しているタイやインドネシアなどを除くアジアの国々のほとんどがまだ米の自給化段階であり、同国の実態はそうした自給化段階の国々の実態を知る上でも有意味であること、等からである。また、ここでは考察対象期間を緑の革命開始前の一九五〇年代初頭から、多肥・収量革命が顕著に現れる一九八〇年代前半に絞ったが、それはちょうどこの時期がスリランカの多肥・収量革命の時期であり、高収量品種の普及と灌漑面積、肥料消費の関係などがよくわかるためである。

(2) 「第二の緑の革命」――栽培期間の短縮・多毛作革命の特徴――

「第二の緑の革命」とは、新品種の導入がアジアの稲作農業に栽培期間の短縮・多毛作革命(「緑の質的革命」)をもたらしたことを言う。従来、在来品種は感光性が強いために、日照時間が一二時間以上になる乾期では稲を植えても花が咲かず、その期間内の収穫は困難であった。そのため稲作の栽培期間も一七〇日前後という長期を要した。この点、新品種は感光性が弱いために、周年花が咲き、栽培期間も一〇〇日前後に短縮された。

その結果、この新品種を導入した場合、在来の作付方式のままでは作物が作付けされない無作付期間が圃場に発生することになる。そのため、この稲栽培期間の短縮によって生ずる圃場の「空き期間」を合理的に利用する方法として、稲の二期作や三期作の導入、さらには他作物の導入などが考えられるようになった(写真6)。

このように緑の革命に伴う新品種の導入はアジアの稲作農業に栽培期間の短縮をもたら

写真6　野菜などの栽培が見られるようになった水田圃場（タイ・コンケン付近）

し、それが稲作以外の商品作物も導入可能な多毛作化の契機を与え、従来の農業生産システムを変革する農業近代化の要因になっている。そこで、この革命をここでは「栽培期間の短縮・多毛作革命」と呼ぶ。

3　緑の革命の影響

つぎに、この緑の革命によって生じた農業生産システム転換への影響を指摘しておこう。

(1)　土地利用の集約化

――稲単作構造から多毛作構造へ――

アジア地域の稲作は緑の革命による栽培期間の短縮によって、在来の伝統的農法における窮屈な作付方式から解放され、そこに他作物の導入が可能になった。それは土地面積を時間の視点から効率的に利用し尽くす異時前後的な作物組み合わせ、すなわち多毛作の概念になる。この多毛作は休閑の解消であり、時間的に無駄なく土地面積を利用し尽くすことを目的とする。

これはかつてイギリスが経験した農業革命に類似する。すなわちイギリスの農業革命は農業生産システムが非効率な三圃式《さんぽしき》農法（休閑―冬穀物―夏穀物）から効率的な輪栽式農法（根菜類―夏穀物―クローバー―冬穀物）に一大転換され、その結果として三圃式農法の休閑がなくなり、地力維持作物などが導入されることになった。その点、発生メカニズムは相違するにしても栽培期間の短縮・多毛作革命も、他作物が導入されることであり、イギリス農業革命の現象に類似する。

ただし、この栽培期間の短縮・多毛作革命は基本的に地力維持視点を持たないという点では、イギリスの農業革命とは似て非なるものである。イギリスの農業革命は多毛作の概念と同時に、地力維持概念も組み込む農業生産システムである。しかし現象的には農法や生産構造といった農業生産システム変革の契機となる点で両者は類似している。

表2　トラクター台数の動向　（単位：台）

	1970年	1980年	1990年	2000年
ベトナム	2,810	24,105	25,086	162,746
バングラデシュ	2,072	4,200	5,200	5,530
インド	100,000	382,869	988,070	15,225,000
インドネシア	8,500	9,240	27,955	70,000
マレーシア	4,274	7,430	26,000	43,300
ミャンマー	5,259	9,278	13,000	10,606
ネパール	794	2,514	4,400	4,600
パキスタン	21,000	97,373	265,728	320,500
フィリピン	6,810	10,533	10,700	11,500
スリランカ	13,500	12,000	6,500	8,000
タイ	7,000	18,000	57,739	220,000
日本	278,000	1,471,400	2,142,210	2,028,000

注：台数の急増を示すためにあえて実数で示した。
資料：FAO Database

(2) 生産手段の高度化
——手作業から機械化へ——

現在、アジアの稲作農業はその生産手段が手労働から機械化へと次第に近代化され、農業生産システムが大きく変革してきている。そしてこの手作業から機械化へという農業生産システムの変革は高収量品種の導入に必要な灌漑のための土地基盤整備の進捗によって、ますますその速度を増している。

このことはアジアの主要稲作国のトラクター台数が高収量品種が普及し、土地基盤整備が進捗し始める一九八〇年頃から急速に増加し始めることを見れば明らかである（表2）。

(3) 労働集約化から資本集約化へ――生産費の上昇――

緑の革命に伴う生産手段の高度化は労働集約化から資本集約化への道でもある。この資本集約化の傾向は生産費の上昇現象となって具体的に現れている。

この点をスリランカの事例調査による生産費によって見ると、米生産費が緑の革命に伴って急速に上昇していることがわかる。すなわち同国では緑の革命が始まり、それが一定程度の水準に達した一九七九年と一九八五年の総生産費はエーカー当たり約二・八倍の上昇になる。このように上昇する生産費の費目構成を見ると、その最大費目は総費用の二五パーセントを占める労働費であり、ついでその二〇パーセントを占める化学肥料、雑草防除、防虫などの農業化学薬品費である。これらの農業化学薬品費はそのほとんどが輸入であり、全体として割高になる。

いま指摘したように稲作生産費の上昇要因のうち、とりわけ注目されるのが賃金レートの上昇による労働費である。一九七八年一二・五ルピーの日当が一九八一年にはほぼ二・五倍の三〇ルピーにも上昇し、一九八五年には一日当たり四九ルピーにまで上昇していることでもわかる（表3）。この労働費の上昇が生産費をさらに押し上げる要因になっている。なお、ここでは敢えて一九八〇年前後を考察対象年次として同国の緑の革命が一定水準に達した頃

表3　1日当たり賃金（スリランカ）

年　次	賃金（ルピー/日）
1978	12.50
1979	17.00
1980	22.00
1981	30.00
1982	37.00
1983	40.00
1984	46.00
1985	49.00

資料：Seneviratne, T. and Terrence Abeysekera: An Economic Analysis and an Intensive Paddy Cultivation.

の生産費の上昇状況を見た。

以上のように、一九七〇年代後半以来、スリランカの稲作栽培は費用の上昇局面に直面している。つまりスリランカにおける緑の革命の一つの特徴は、同国が高コストを伴う近代生産技術の方向に進み、農業生産システムが労働集約化から資本集約化の方向に進んでいることを物語っている。まさにこの現象は農業近代化としての自然依存型農業生産システムから資本依存型農業生産システムへの転換過程を象徴している。

4　農業生産システム近代化の光と影

最後に緑の革命による農業近代化、すなわち農業生産システムの転換の評価を整理すると以下になる。

(1) 光としての評価——人口増加への対応——

アジアの主要稲作国は緑の革命によって確かに米生産量は増加し、食糧自給が実現可能になり、多作物の導入さえ考えられる状況になってきている。そうした意味で、緑の革命はアジア地域の爆発的な人口増加によってもたらされる深刻な食糧不足の解消手段として積極的に評価できる。

この立場から緑の革命を評価する時、緑の革命は在来の非効率な自然依存型農業生産システムに比べて、きわめて高い土地生産性の維持が可能であり、効率的な資本依存型農業生産システムへの転換過程である農業近代化を推進する重要な役割を担っている。そしてその農業近代化が食糧不足問題に対する有効な解決策であることは間違いない。

ここに緑の革命の光の部分があり、アジア諸国の農業生産システムの近代化を促進し、人口爆発に対する食糧増産の対応策として評価できる。

(2) 影としての評価——農家間格差の発生と環境悪化——

一方、緑の革命の影の部分の一つは米生産量の向上そのものというよりも、緑の革命の中核である新たな高収量品種の導入やそれに伴って必要となる新たな栽培技術の導入がすでに考察したように相当の資金力を必要とし、それがアジア地域の農家間に貧富の差を拡大し、農民層の分化・分解を惹き起こす芽になっていることである。

緑の革命をもたらした高収量品種は多肥化が必要になる。しかし、多量に施肥して肥料効果を増大させるためには、土地基盤整備が必要になる。そのため緑の革命の中核となるべき高収量品種の導入には多くの資金が必要であり、もっぱら資金力のある一握りの大土地所有農家層だけが導入可能であり、資金力の乏しい大多数の零細規模農家層は多肥や土地基盤整備の導入は困難で、緑の革命の恩恵は少ない。その結果として両階層間の農業生産力格差は拡大し、それがアジア地域の農村における農家間の貧富の差を拡大し、農民層の分化・分解を惹き起こすことになる。

事実、ネパールの場合をみると、その傾向が鮮明に現れている。なお、ここでは敢えてネパールの緑の革命がまだ緒についたばかりの一九七一年と一〇年後の一九八一年を取り上げて比較した。そうするのは緑の革命の影響が急速に顕在化する時期であり、農民層の分化・分解の現象が顕著に現れると考えたためである。

一九七一年には〇・五ヘクタール以下の零細規模農家層割合とその土地所有面積割合が、それぞれ五五・八パーセントと一一・八パーセントであった（表4）。しかし一〇年後の一九

表4　土地所有構造の変化（ネパール）　(%)

規模＼年次	1971年		1981年	
面積規模	農家割合	面積割合	農家割合	面積割合
0～ 0.5ha	55.8	11.8	50.3	6.6
0.5～ 3.0	37.8	44.3	40.8	46.1
3.0～10.0	5.7	31.6	8.2	34.3
10.0以上	0.7	12.3	0.7	13.0

資料：Agricultural Statistics of Nepal

八一年には、それぞれ五〇・三パーセントと六・六パーセントに変化している。つまり〇・五ヘクタール以下の零細規模農家層割合は一〇年間ほとんど変化していないのに対して、土地所有面積割合は一〇年間に約半分に減少している。このことは零細規模農家層の所有土地面積がそれだけ減少したことを意味しており、これは零細規模農家層の一部が土地無し労働者層に転落したことを示している。

一方、三ヘクタール以上の大土地所有農家層の土地所有面積割合は一九七一年四三・九パーセントであったものが、一九八一年には四七・三パーセントとむしろ増加さえしている。このようにネパールでは緑の革命が顕著に現れ始めた一九八〇年代になって一握りの大土地所有農家層がさらに多くの土地を所有する一方、零細規模農家層の一部が土地を失って、土地無し労働者層に転落する現象が発生してきている。

この現象は農業所得と生産費の側面からも指摘できる。緑の革命によって土地生産性が向上し、それだけ稲作粗収益も上昇した。しかしここで問題になることはこの稲作粗収益の上昇幅が稲作粗収益から稲作経営費を差し引いた稲作所得の上昇幅にそれほど結びついていないことである。つまり稲作粗収益は増加しているけれども、農業経営費がそれ以上に上昇しているために、稲作所得の伸びは一九八一年前後を境にむしろ減少傾向を示している（表5）。

こうした稲作所得の低下傾向すなわち稲作経営費の上昇傾向は資本規模の小さい大多数の農民と一握りの大土地所有者との稲作生産力格差をますます拡大する方向に作用する。スリランカの場合、表6で明らかなように六七・四パーセントの農家が二エーカー以下であり、資源のない小規模農家である。したがって生産過程の極端な資本集約化による生産構造の転換は資本規模の小さい農民にとっては、その転換についていけずに、むしろ脱落していく過程につながる。その意味で緑の革命に伴う稲作生産構造の転換過程はネパールにおいても、またスリランカにおいても農民層の分化・分解の過程になる。

さらに、もう一つの問題は緑の革命の基盤となるべき化学肥料や農薬の多投が自然生態系の維持や環境保全に与える影響である。この問題は、今日、いくつかの国々で議論され、その対応策が検討されている。たとえばアメリカでは一九七〇年代中頃から農産物生産量が急

表 5　稲作所得の推移
（スリランカ）

年　次	所得（ルピー/エーカー）
1978/79	682
1979/80	N. A.
1980/81	2,484
1981/82	2,858
1982/83	1,525
1983/84	1,623
1984/85	1,288

資料：Department of Agriculture. Sri Lanka, Cost of Production Studies.

表 6　稲作の規模別農家率と所有面積率（スリランカ）

規模（エーカー）	農 家 率（%）	所有面積率（%）
1　以　下	43.6	12.0
1.1～　2	23.8	17.2
2.1～　3	15.5	20.4
3.1～　5	11.5	23.8
5.1以　上	5.6	27.4
計	100.0	100.0

資料：Census and Statistics Department. Sri Lanka

増し、それに伴って化学肥料や農薬の使用量が増加した。その結果、地域によっては飲料水の汚染や土壌浸食などの自然生態系の変化や環境破壊といった問題が顕在化してきている。そのため農業生産においてもこの問題を無視することはできなくなり、最近では自然生態系の維持や環境保全を一つの目標に織り込んだ農業生産システムへの転換が模索されている。したがって、もし農業生産を自然生態系の維持や環境保全の視点からのみ考えるならば、自然界に存在する素材だけの伝統的な自然依存型農業生産システムが理想になる。自然界に存在しない素材は何も使用しない完全な有機農業の方向である。しかし、それでは現在の人口規模を扶養することはきわめて困難であり、ここに緑の革命のもう一つの課題がある。つまり緑の革命による農業生産力の拡大と自然生態系の維持や環境保全とのパラドックス（矛盾）の発生である。

第四章　制度変革による農業近代化

――移行経済下のベトナムの事例――

冒頭でも述べたようにアジアは地理的にも広く、また政治制度も多様である。ここで紹介するベトナムは政治制度が社会主義でありながら、経済制度は社会主義制度から資本主義制度に移行した国である。ここではベトナムを事例にそうした制度変革を契機に展開する移行経済下の農業近代化を紹介する。

ベトナムは一連の制度改革によって市場メカニズムを農業に導入し、自然依存型農業生産システムから資本依存型農業生産システムへの転換による農業近代化を推進している。

そこで、まずベトナムが農業近代化を推進するための装置として取り組んだ一連の制度改革の過程を概観しておこう。

1　市場メカニズムの導入過程——一連の制度改革の展開——

ベトナムにおける資本主義経済体制への移行の出発点は一九七九年からいくつかの地域で

試験的に行われた農産物請負制度である。この制度は農民に土地を与え、あらかじめ合作社に契約した年間納入量を超えた収穫分については農民が所有できる内容であり、この方式が一九八一年一月に正式に承認され、全国規模で導入された。以降一九八六年の第六回共産党大会においての経済改革政策としてのドイモイ（刷新）政策が採択された。

このドイモイ政策によって経済を再建するために市場メカニズムがより明確に導入されることになる。

そして一九八八年四月には「一〇号決議」が可決され、入札請負制が導入された。この制度の特徴は国から農地を請け負う請負期間が従来の一五年から二〇年にまで延長されたことである。ベトナムは政治的には社会主義体制であり、生産手段としての農地は国家が保有している。そのため農家は農地を国から借りて請け負うことになる。この請負期間の延長によって土壌改良等の長期間を要する投資が農家によって可能となった。

さらに、一九九三年六月には「農地使用法」が制定され、農民は五〇年の長期にわたって土地が使用でき、その期間中に土地使用権の譲渡と継承が認められたほか、土地を抵当にして金融機関からの融資も可能になった。このことは土地は原則として国家保有になってはいるものの、土地使用権の譲渡、賃貸、相続、抵当が容認されたのであり、この時点で土地は実質的に私有化されたに等しい。まさにベトナムにおける農業の資本主義化である。

このようにベトナムでは社会主義経済体制から資本主義経済体制に転換するために、その基本原理である市場メカニズムを一連の制度改革によって農業・農村に浸透させたが、それは農民に農業生産性および農業収益性向上へのインセンティブを与えるための農業近代化政策であったといえる。

農業生産にとって最も重要な手段である農地に関連する一連の制度改革は市場メカニズムを国家が意識的に導入し、農業生産システムの近代化を農家に促したものであり、同国のすべての農家が農業近代化のうねりの中に位置づけられたことになる。

2　新たな合作社の誕生——農業組織の農業近代化——

(1)　新たな合作社と農家の関係

こうした一連の制度改革の中で唯一農家と組織との関係を取り扱った制度として合作社の改革がある。言い換えれば農業組織の近代化を進めるための制度改革である。

合作社は一九八二年に制度改革等が行われたが、その影響が一九九〇年頃から現れ始め、

写真7　農業・農村の近代化により農家生活にもゆとりが感じられる（ベトナム・ハノイ近郊）

旧合作社の解体・変質が進み、九〇年代前半には八五年頃の半分に激減した。さらに八八年の「一〇号決議」以降、合作社の機能・役割は大きく変化し、農産物の販売、灌漑用水の管理等のサービス事業等に重点が置かれるようになった。つまり新たな合作社は農家が生産活動をより一層活発に行うための支援組織として位置づけられたのである。

このように新合作社の役割が農家の生産活動の支援に変更されたことは、ベトナム農業全体の農業生産力を底上げすると同時に、市場メカニズムを農業・農村の中に一層浸透させ農業近代化を促進させる役割をも担うことになった。そしてそのことは一連の制度改革がなぜ行われたかを考えれば明らかであろう。なぜならば、この一連の制度改革は社会主義経済体制から資本主義経済体制にスムーズに移行するために実施されたものであり、その精神はベトナムの農業・農村に市場メカニズムを可能な限り速やかに浸透させ、農業生産システムの近代化を図り、併せて農村の近代化も推し進めることに他ならず（写真7）、新合作社もその一連の制度改革の中に位置づくのである。

そこで、ここでは社会主義経済体制下では強大な権力をもって農家、農業生産を統制してきた旧合作社がどのように近代化されたか、言い換えれば市場メカニズムに合致した新たな組織に変質したかを見てみよう。

(2) 新たな合作社の目的と内容――農家へのサービスとサポート――

南北ベトナムの統一前、北部ベトナムでは旧合作社が農業経営の主体であった。そして南北統一後は南部ベトナムでも農家の新合作社への組織化が進められた。しかし、こうした組織は時代の流れに合致せず、多くの合作社が事実上解体の方向に進んだ。そして一九八一年、すでに述べたように農産物請負制度が成立し、旧合作社から農家に農業生産の基本単位が移された。この状況下で新合作社の性格は水管理や農業生産資材などの流通等といった農家のサポートとサービスを行う農業協同組合的組織へと変質した。

これらの動きを受けて、一九九七年「農業協同組合法」が誕生し、現在まったく新たな組織としての新合作社が形成されつつある。つまり農家個人では導入困難な新技術や水管理などを農家に代わって行う新組織の形成である。

新合作社の具体的内容を調査事例の考察を通して見ると以下になる。

調査事例の新合作社は共産党人民委員会の下に組織されている「農業用サービス合作社」であり、その目的と内容を紹介すればつぎになる。

「農業用サービス合作社」の構成メンバーは現在農家四五戸がメンバーであるに過ぎない。この数は当地域の全農家約六〇〇〇戸の一パーセントにも満たない。この原因は新合作社がまだ設立されたばかりであり、かつこうした性格の組織は初めてであることから、農家がその経営実態を理解できずに模様眺めしているためである。

この「農業用サービス合作社」は農家個人では実現できない仕事を担当し、農家にサービスを提供することを目的に一九九七年一月三十日設立された。その農家サービスの具体的内容は以下である。①肥料、農薬などの共同購入とその農家への販売、②新技術の紹介、化学肥料や農薬の使い方などの指導や実験・普及、③水の管理、④建築用資材の購入と農家への割安販売、⑤個人では制度上から売ることができない薬用作物を合作社が代わりに販売する、等である。

このうち建築用資材の購入と農家への割安販売サービスを例に、新合作社の機能を見ると、つぎのようになる。まず「農業用サービス合作社」が業者から建築用資材を購入して、農家に販売する。その場合、もし農家が業者から直接購入すれば、四五〇〇ドン（一円≒一〇〇ドン）になる。しかし、当合作社が仲介する場合は業者から四〇〇〇ドンで仕入れ、農家に四三〇〇ドンで販売する。その結果として農家も新合作社も得をすることになる。新合作社はこうした利ザヤを運営の資金源にしている。また、こうしたことから新合作社は価格安定機能を持つことにもなる。

いま指摘したように新合作社の資金源は利ザヤと農作業代金、そして農家が新合作社に参加するときに支払う出資金の三つである。

このうち、農作業代金は農家が新合作社に請け負ってもらう農作業に対して、収穫後に現金で支払う費用である。そしてこれには概ねつぎの諸作業費がある。①水利費、耕耘費など。これは一〇アール当たり一〇・八キログラムの米相当分の現金で支払う。②ポンプ揚水費。これは一〇アール当たり一・五キログラムの米相当分の現金で支払う。③技術指導費（農薬使用時期や使用量、将来の農業計画などの指導）。これは一〇アール当たり〇・五キログラムの米相当分の現金で支払う。④治安維持費。これは農産物や養魚池の魚などの盗難を見張るための費用であり、一〇アール当たり一・五キログラムの米相当分の現金で支払う。

つぎに「農業用サービス合作社」に農家が参加するために支払う出資金について見ると、一農家当たり五〇万ドンの出資である（現在、これ以上の出資はできない）。ただし入会したくても、その資金がない場合には、五〇万ドン分の農作業労働の提供で支払うことができるようになっている。なお、三年に一回、新合作社の大会が開催されるので、その時出資金の増資なども検討されることになる。当合作社ではその大会時に出資金を一〇〇万ドンにまで増資することを考えている。

以上のように、新合作社の目的、内容は先進資本主義国の農業協同組合に類似しており、十分に市場メカニズムに対応できる内容になっている。

(3) 新合作社の特徴

新合作社の特徴を整理すれば、それはつぎのようになる。

まず、第一は、新合作社の目的が農民へのサービス提供とサポートである。これに対して、旧合作社の目的は農民の統制、管理にあったことである。旧合作社はその地域のすべてを統括しており、農家はその管理下に置かれていたが、新合作社では農家と合作社は対等の関係になる。

第二は、新合作社の資本金は農家が新合作社に参加するときに出資する出資金等を基本として運営されることである。

第三は、出資に対する配当は年度末に行うが、逆に新合作社が赤字になった時は出資した農家が補塡《ほてん》することである。その理由は新合作社を農家自らの組織と考えるからである。利益の配当は全体の五〇パーセントを新合作社がとり、残り五〇パーセントを出資者に均等配分することになっている。この利益配当（または赤字補塡）のみが新合作社に入っている農家とそうでない農家の相異点になる。

第四は、新合作社に入っていない場合でも、入っている農家と同等に新合作社から肥料や農薬を購入することができることである。この点は体制移行期に伴う過渡的対応であり、今後の課題になっている。

第五は、新合作社は出資金などによって集積された自前の資金で肥料、農薬などを購入することである。

第六は、新合作社は法律によって運営されることである。

第七は、新合作社を構成する農家の所得はその農家に帰属することである。旧合作社ではすべてが旧合作社に帰属し、農家に所得などは帰属しなかった。

第八は、参加農家の技術が未熟だったり、病気になったりした時は新合作社が代わりに無料で農作業を実施することである。そのための農作業は組合員以外から人を雇って行う。

以上のように新たな合作社は農家へのサービスとサポートを主要業務としており、旧合作社とはまったくその内容が変質している。そしてその変質は市場メカニズムに対応する内容への変質であり、農家が近代的農業生産システムとしての資本依存型農業生産システムに転換する場合、それを支援する組織として位置づけられる。

3　農業生産システムの転換
――「稲＋養殖魚＋アヒル」型VAC農業の展開――

(1) 農地使用権の確保による農業生産力の拡大

ここではベトナム政府が農家の所得向上と農家世帯の健康維持のための栄養改善等を目的として、政策的に推進しているVAC農業を事例に、農業生産の基本的生産手段である農地の使用権を確保することによって農業生産システムの近代化が進み、その農業近代化が農業生産力の格差発現に機能し始めていることを具体的に見てみよう。

ところで、VAC農業のVはVuon（樹園地）、AはAo（池）、そしてCはChuong（家畜小屋）を意味する。したがって、VAC農業はこれらの三部門すなわち土地と水と動物の有機的連携による経営諸資源の有効利用を目的として営まれる農業のことである。このシステムはいわば経営諸資源の有効利用を経営部門間の有機的連携としての補合・補完関係によって推進し、農業所得の向上に結びつける近代的農業生産システムであり、農業経営における複合経営に相当する。

なお、ここで事例として取り上げるVAC農業は「稲＋養殖魚＋アヒル」型VAC農業である。

そこで、まずこのVAC農業を行っている調査農家について、農業生産力拡大の基盤となる農地の確保状況を見ておこう。

ベトナムは社会主義制度下にあるために農地は一定のルールによって農家に可能な限り平等に分配される。農地の分配は行政村（Xa）を基本単位とする合作社が国からの請負地をまず農家数や農家構成員等を勘案して比例配分し、つぎにその残りを入札によって分配する方式である。ただ、この方式で入札に回される農地は概して土地条件が悪く、分配できないような条件の土地である場合が多く、作物栽培には適さない。しかし、家族労働力が比較的多い農家は余剰労働力の効率的利用を図るために、たとえ条件が悪い土地であっても入札に参加して、農地の獲得を図ろうとする。それは農業労働力が多いために、たとえ入札によって確保した土地が劣等農地であっても、その劣等な土地条件を改良したり、あるいは魚を飼育する養魚池に利用したりすることができるためである。この養魚池利用がVAC農業の一つの柱であるA（池）部門の基盤になる。

この分配方法による農地使用権の確保を調査農家の場合で見ると比例配分と入札を合わせて一・五四ヘクタールの農地使用権が確保されている。すなわち、まず調査農家が属する合作社の一人平均比例配分耕地面積は五五〇平方メートルであることから、それに調査農家の家族構成員八人を乗じて、比例配分面積は四四〇〇平方メートル（〇・四四ヘクタール）になる。これに入札によって一・一ヘクタールが確保できたので、全耕地面積は一・五四ヘクタールになる。このうち入札によって得られた農地は土地条件が悪いため、その六割（〇・六ヘクタール強）が養魚池として利用されているが、残りの入札農地（〇・五ヘクタール）は肥料などを投入することによって、土地条件を改善し、現在では一ヘクタール当たり米四トンの収量水準の農地にまで改善されている。このように調査農家は〇・九四ヘクタールを作物栽培に利用し、残り〇・六ヘクタールを養魚池に利用する典型的なVAC農業を経営している。この一・五四ヘクタールという耕地面積はこの地域では大規模面積である。

政治的に社会主義体制を採用しているベトナムでは農家間の経営面積規模格差を可能な限り生じさせない農地分配方法を実施している。しかし、いま考察したように家族労働力が多かったり、入札によって比例配分以外の農地が確保できたりする農家は、農地を多く確保できることになり、他の農家に比べて大規模面積の農地使用権を保有することになる。その結果として農家間に農業生産力格差が発現する。

(2) VAC農業の経営内容

つぎに農業生産力の格差発現に結びつく調査農家の経営内容の実態を見ておこう。

調査農家の経営耕地面積一・五四ヘクタールのうち作物栽培用の農地は春・夏の年二回稲を栽培し、その水田にアヒルを放し飼いにしている。アヒルは水田の雑草や害虫などを食べ、その結果、農薬はそれだけ使用せずに済み、またアヒルの糞が肥料になるため、それだけ購入肥料が少なくて済む。こうした方法を採用している水田の稲作収量は一ヘクタール当たり四・五トンであり、年二回収穫できるため年間一ヘクタール当たり九トン程度の収穫になる。

ところで、米の政府購入価格は一キログラム当たり一四〇〇ドン（一〇〇ドン≒一円）であるが、ほとんどの農家は自由市場に販売してしまう。自由市場の価格は一キログラム当たり三〇〇〇ドンであり、政府購入価格より高価格なためである。政府買い入れ価格の存在は政府が農地に税金をかける場合の税金算定基礎の意味でしかない。

一方、〇・六ヘクタールの養魚池では稚魚（一五センチメートルぐらい）を一匹当たり二〇〇〇ドンで購入して、五ヵ月ほど飼育し、成魚にして販売する。養魚の餌はアヒルの糞や残飯などの自給飼料で十分なので、養魚に伴うコストは稚魚購入費ぐらいであり、ほとんどコストはかからない。一匹一万ドンで販売できるので、一匹当たりおよそ八〇〇〇ドンの利益になる。

アヒルは五〇羽飼育している。アヒルは水田や池で飼育し、およそ七五日で販売できる。一羽二四〇〇〇ドンほどで、年二回に分けて売る。ただし、値段は市場や日によって異なるので、相場をみながら売っている。市場が近いので、安い時は持ち帰ってしまう。この他に、ニワトリ七〇羽、豚二頭、牛一〇頭を飼育している。

このように調査農家は米販売、養魚販売、そしてアヒル販売において、市場メカニズムに合致した販売行動を採用しており、この点からベトナムの農家レベルにまで市場メカニズムが十分に浸透していることが読みとれる。そしてそのことが農家間の農業生産力格差を発現することにもなる。すなわち調査農家は稲（V）と養魚（A）とアヒル（C）の三部門において利用可能な経営諸資源を十分に、かつ有機的に利用することによって、全体として農業所得を向上させ、この地域の他の農家に比べて、はるかに高い農業所得を得ることになる。このことが資本蓄積を招来し、拡大再生産を可能にして、農業生産力格差はさらに拡大することになる。

(3) 農業生産力格差発現の制度要因——生産手段の実質的私有化——

いま事例として考察したVAC農業は一九八一年の農産物請負制度や一九九三年の農地使用法の成立が契機になっており、こうした制度改革が存在しなければ成立不可能であった。そしてこの制度改革が農家間の農業生産力格差を発現させている。そこで、農業生産力格差を発現する制度要因を整理すれば以下になる。

まず農産物請負制度であるが、これはすでに述べたように農業の経営主体が従前の合作社単位から農家単位に移り、農家個人の土地使用権や機械・大家畜の個人所有等が認知され、農家の経営努力が農業所得に直接結びつく農業生産システムに変革された点に特徴がある。つまり、従前、農業生産単位であった合作社がその生産基盤である土地使用権を農家に与え、その代わり農家は合作社に一定量の農産物を納入する制度である。したがって、もし農家が定められた納入量以上に農産物を収穫した場合には、その余剰分は農家所有になる。この制度の確立が農家の農業生産力向上に対するインセンティブとなり、それが農業生産力格差発現の一つの要因になっている。

つぎに、一九九三年の農地使用法の成立であるが、この制度は土地使用権を二〇年間から五〇年間に延長し、かつ土地使用権の譲渡・継承・土地抵当金融を認める制度である。すなわち、土地使用権に関する制度は一九八一年の農家請負制度からスタートしているが、その時点での土地使用権はわずか五年間しか認められていなかった。それが一九八八年の共産党政治局の一〇号決議によって単年性作物では二〇年間の土地使用権が認められた。そしてこれらの動きを受けて一九九三年に上述の農地使用法が成立した。これら一連の制度の成立によって土地の長期間使用が可能になり、しかもその使用権の譲渡、継承、さらには土地抵当金融までも認められることになった。その結果、実質的に資本主義的な土地所有権が確立したこと、言い換えれば土地の実質的私有化の確立である。それが農家の意思による土地利用を可能にし、かつ長期計画を必要とする農業経営を安定させ、農家の農業生産へのインセンティブを一層高め、有能な農家の生産力を一層助長し、結果として農家間の農業生産力格差を惹起する要因になっている。

第三は、土地と同時に農業生産における重要な生産手段である牛・水牛などの大家畜と農業機械などの私有が可能になり、これらの生産手段についても農家の意思決定が可能になったことである。

第四は、入札制度の存在である。調査農家もそうであったが、家族労働力が比較的多く、余裕がある場合、土地条件が悪い農地も入札によって請け負ってみようという意思が働く。その結果として魚の養殖などによる農業所得の向上が可能になり、それが農業生産力格差の発現にもつながる。

このようにベトナムでは、①一連の制度改革によって農業の基本的生産手段である土地、機械、そして大家畜の実質的私有化が進み、②農家がそれら経営諸資源を農家の意思により自由に利用できるようになり、③かつ農地分配における実質的不平等が進行したことなどが農家間に農業生産力格差を発現していると考察される。

この農業生産力格差はつぎに指摘する課題が解決されたならば、さらに明確に発現すると考えられる。その第一は、農業経営の基盤としての灌漑・排水システムや農道などが十分に整備されていないこと。第二は、土地基盤整備が進んでいないため、農業機械化が展開できずに労働生産性が追求できないこと。第三に、稲作だけのモノカルチャー農業から脱皮できていないこと。第四は、近代的農畜産物流通・販売システムが整備されていないこと。第五は、農畜産物加工技術が進んでいないこと。第六は、農業投資に必要な近代的農業金融システムが進んでいないこと、などである。今後、こうした諸点が解決されたならば、市場原理は一層色濃く機能することになろう。

4　農村社会への影響――アジア稲作共同体型メカニズム――

(1)　アジア稲作共同体型メカニズムの存在

稲作農業は欧米の畑作農業に比べて大量の農業労働力が吸収でき、かつ単位面積当たり収量が高い。そのため人口密度の高いアジアの農村社会を維持するきわめて合理的な装置になっている。

こうしたことからアジアの農村は稲作農業を基盤にした農村共同体の性格を色濃く持つことになる。しかし、一方でこの稲作農業が高い農業労働吸収力を持つが故に、限定された農地に過剰なまでの農業労働力を抱え込み、農村に大量の潜在失業者を滞留させる結果になる。この状況下で市場メカニズムが機能し始めると稲作農業にも競争の原理が貫徹し、過剰農業就業者は失業者となって農村から都市に大量に流出せざるをえなくなり、首都周辺地域にスラムが形成されることになる。

この一連のアジアの稲作共同体社会に機能するメカニズム、すなわち「アジアの稲作農業↓アジア農村共同体社会の基盤↓大量の農業労働力の吸収↓市場メカニズムの機能↓市場競争原理の浸透↓生産性の向上↓農業近代化の展開↓アジア農村共同体社会の変質↓過剰農業就業者の顕在化↓都市への流出↓都市周辺のスラム化」といった、いわばアジア稲作共同体型メカニズムとでも呼ぶべき論理が多くのアジア地域で機能している。

そしてこのメカニズムの機能の中でアジア諸国は大きく二つの方向に展開してきている。それはNICs（Newly Industrializing Countries：新興工業国または中進国）とNAICs（Newly Agro-based Industrializing Countries：農業・工業併進型新興国）の方向である。前者のNICsの方向はシンガポール、香港、台湾のように農村から都市への流出労働力を工業・都市に吸収し、ひいては工業化に重点を移して先進工業国に近づこうとする方向であり、もう一方のNAICsの方向はタイのように農業と工業を並進させて、一定水準の農業労働力を維持しながら農業も発展させる方向である。相対的に前者は農業を犠牲にする方向にあり、後者は維持する方向にある。

(2) ベトナムの農村経済——稲作農業＋伝統的農村手工業複合型農村経済構造——

ベトナムは同じアジアの稲作共同体社会の一員でありながら、当面のところアジア稲作共同体型メカニズムが顕在化しているようには見えない。その理由の第一は、同国が政治制度は社会主義、経済制度は資本主義という他の諸国とは大きく異なった枠組みを選択している点に起因しているのかもしれない。この枠組みを採用している国は他に中国が存在するのみであり、この枠組みの展開は人類史上にとっても壮大な実験になると言っても過言ではない。資本主義経済の基本を成す市場競争原理が二〇世紀後半、世界でその機能を一層強め、地球規模で市場競争原理の浸透が推し進められている。すなわち経済のグローバリゼーションである。そして、このグローバリゼーションの流れは経済制度に限ったことではなく、政治制度にも及んでいる。なぜならば、この市場競争原理を機能させるためには経済諸活動を実践する人間の自由が保証されなければならず、それを保証する制度が民主主義だからである。すなわち市場競争原理を基本とする資本主義制度は政治制度としての民主主義を基盤として、はじめてその機能が最大に発揮されるのである。そのため経済のグローバリゼーションによって市場主義を強める多くの国々は資本主義経済制度と同時に、政治制度も民主主義制度に変わっている。しかし、ベトナムはその社会経済的枠組みが異なっている。この点にアジア稲作共同体型メカニズムを機能させない要因があるのかもしれない。

第二は、そうした制度的な相違というよりも、むしろ資本主義経済制度の導入が他のアジア諸国よりも遅れているために、その浸透がまだ不十分であり、その機能が顕在化しないためとも考えられる。同国において市場競争原理を基本とする資本主義経済制度が明確に機能しだしたのは一九八六年のドイモイ（刷新）政策導入が出発点であり、資本主義経済制度の導入は他のアジア諸国に比べてはるかに後発である。この市場競争原理導入の後発性のために、徐々にそのメカニズムは機能しだしているが、アジア稲作共同体型メカニズムの現象が顕在化していないだけなのかもしれない。

第三は、ベトナムの農村、とりわけ北部ベトナム地域に古くから位置づく伝統的農村手工業の存在が本来農業近代化によって農村に滞留するはずの潜在的失業者を吸引し、それがア

写真 8　伝統的農村手工業の一つである薬草加工業における薬草の選別作業（ベトナム・ニンヒップ）

ジア稲作共同体型メカニズムの機能を抑止しているとも考えられる。つまりベトナムの農村経済は他のアジア諸国のように稲作農業だけに依存する単一農村型経済構造ではなく、稲作農業と銅細工、竹細工、陶器細工、薬草加工業等といった伝統的農村手工業の両者に依存する複合型農村経済構造を形成しているということである（写真8）。この複合型農村経済構造の存在がアジア稲作共同体型メカニズムの機能を当面のところ抑止し、それが他のアジア諸国とは若干異なる農村経済の動きを示しているのかもしれない。したがって、この視点から今後のベトナムの展開方向を考えれば、それはアジア稲作共同体型メカニズムが機能している多くのアジア諸国の展開方向である NICs や NAICs ではなく、第三の道が展望できるのかもしれない。

5　生産要素浪費型経済発展と農業・農村

ところで、ベトナムがどの道を選択するにせよ、現在の状況の中でさらに進んだ農業近代化は期待できるだろうか。

アジアの主要稲作諸国は絶対的飢餓や食糧不足の状況から離陸して、福祉厚生を追求する段階に入っている。そして農村の福祉厚生を考えるには農家所得をもっと向上させなければならない。農家所得の向上には二つの方法がある。一つは、農業を発展させて、農業所得を向上させる方法であり、もう一つは、非農業での就業による農外所得の向上である。

このうち農業所得の向上方法には農畜産物の生産量を増加させる方法と農畜産物の質を高める方法がある。そこで、ベトナムの主要農産物である米についてみれば、国内市場の需給バランスは供給が需要を上回る傾向が強まっている。したがって、国内市場の米購買力をもっと高めて、それによって農業所得を向上させる方向には一定の限界がある。それでは米の質を高めて高付加価値化がねらえるかというと、そこにも一つの問題がある。米の質向上の技術やノウハウがまだ不十分であるし、また大学などで開発される技術を、末端農家まで普及させる日本のような農業普及システムやネットワーク・システムなどがやっと緒についたばかりである。またさらに厳しい状況は世界の趨勢が農産物を国際的に認証する国際認証制度の方向に向かっていることである。したがって、米の質を高めると同時に、そうした認証制度を克服しなければ、国内市場で余剰となった米を輸出することもできないことになる。こうした状況は程度の差こそあれ、他の農畜産物についても同様に指摘できる。したがって、今後ベトナムが農畜産物の国内市場の購買力が限界に達してもさらに農業近代化を追求するのであれば、需給バランスが崩れて農畜産物の低価格を招来し、生産性と収益性の乖離《かいり》による農業所得の低下が生ずるだろう。この結果、ベトナムの農家は生産すればするほど費用がかかって低所得になってしまうといった「貧困のサイクル」を描くことになりかねない。このサイクルをどう断ち切るかが今後の課題になろう。

一方、農外所得の向上は可能であろうか。農業・農村の発展は工業の展開と深く関わっている。農業が近代化されるにつれて、労働生産性は高まり、農業労働力は余ってくる。この余剰労働力をどこに吸収するか、それは工業や都市であろう。もし吸収できなければ他のアジア主要稲作国と同様にアジア稲作共同体型メカニズムが機能して、都市のスラム化が形成されることになるだろう。この点、ベトナムは世界の潮流と異なる社会経済的枠組みの中で、急速な経済発展を遂げている。したがって、このまま推移すれば余剰労働力を工業や都市に吸収し、アジア稲作共同体型メカニズムは機能しないかもしれない。しかし、現在のベトナムの展開方向は世界の主要先進国が向かっている方向とは異なっている。つまり世界の主要先進国はIT革命などを通して、生産重視型の工業化社会から金融経済重視型のポスト工業化社会へと脱皮しつつある。しかし、ベトナムはまだその段階には到達していない。同国の経済発展は資本と労働という二つの生産要素の投入量を増やし続けることによって達成される生産要素浪費型経済発展の性格を色濃く有している。この経済発展の論理的帰結は生産要素を使い切れば、そこで経済発展が止まることである。したがって、この生産要素浪費型経済発展を今後どう克服するかが重要になる。アジア稲作共同体型メカニズムが機能する農村社会に向かうのか、それとも違ったメカニズムが機能する農村社会に向かうのか、重要な分岐点である。

ただ今日の世界的不況を視野に入れるとき、生産要素浪費型経済発展の克服はますます難しくなると予想される。今日の景気後退の状況下で先進国はベトナムへの投資量を減らす。また中国との関係の中で将来を考える時、ベトナムよりも中国にその投資先が変わることにもなろう。こうした状況下でベトナムの工業化は遅れることが予想される。もし、そうした方向に進むと農業部門内の潜在農業労働力が都市に流出し、それが大都市周辺のスラム化を進めることにもなりかねない。まさに政治と経済の両制度が資本主義体制であり、かつ稲作農業を基盤とするアジア諸国が通過してきた同じ道を辿って、結局はアジア稲作共同体型メカニズムが機能し始めることになるのかもしれない。

　このように農業近代化はただ単に農業が自然依存型農業生産システムから資本依存型農業生産システムに移行するだけではなく、農村共同体の在り方や都市の在り方までにも影響するのである。

第五章　農産物流通システムの近代化

――インドネシアの事例――

アジアの中には食糧自給が達成されて、食糧不足や飢餓から解放され、つぎのステップである農家、農村の福祉向上に向けて離陸する国も存在する。そうした国々ではこれまで考察してきた農業生産システムの近代化と同時に農家所得の向上が急務になる。そしてそのためには農家所得の向上に直接結びつく農産物流通システムの転換、すなわち伝統的な自給自足型流通システムから生産物が商品として正当に評価されて農家所得に結びつく近代的流通システムへの転換が必要になる。ここではその農業近代化の事例としてインドネシアの場合を紹介する。

インドネシアはすでに食糧自給が達成された国であるが、その背景には石油産出国として石油による外貨蓄積とその外貨を肥料産業に投資して育成した結果、自国で必要な肥料が調達できるようになったことがあげられる。なお、ここで紹介する事例は主として一九九〇年七月〜八月に実施した現地調査をもとに整理したものである。

1　農産物流通システム転換の契機――食生活の改善――

アジアの多くの国々で展開している農業近代化は爆発的に増加する人口を扶養するための基本的対策であり、それが農業近代化の第一義的契機であることに疑いはない。しかし、今日のアジア諸国の農業生産システムの近代化の契機は人口の爆発的増加のみにあるわけではない。いろいろな契機が考えられるが、その中の一つの契機として食生活の改善がある。

ＦＡＯは二一世紀のアジア諸国の食生活は炭水化物を主体にした栄養摂取スタイルからタンパク質やビタミン類などの摂取を考慮したスタイルに改善されるべきことを謳っている。

表7はアジア主要国の一人一日当たりの総消費カロリーに占める穀物消費カロリーを示したものである。これで明らかなようにアジアの主要稲作国のほとんどが一人一日の総消費カロリーの五〇パーセント以上を穀物から摂取していることがわかる。しかし、こうしたアジア諸国の食生活も所得向上に伴って変化しつつある。すなわち炭水化物中心の量追求型食生活からタンパク質中心の質追求型食生活への変化である（写真9・10）。

このような流れの中で、今後のアジアの食生活は現在の量追求型の食生活から質追求型の

写真 9　豚肉，鶏肉，魚の農家料理（ベトナム・ハノイ近郊）。タンパク質料理が多くなってきている。この傾向は他の東南アジア諸国でも同様である。

写真10　豚肉，鶏肉の農家料理（タイ・チェンマイ）

表7　1人1日当たり総消費カロリーに占める穀物消費カロリー（2000年）

	割合（%）
ベトナム	71
バングラデシュ	81
インド	58
インドネシア	65
マレーシア	44
ミャンマー	74
ネパール	73
パキスタン	49
フィリピン	51
スリランカ	51
タイ	49
先進国平均	30
世界平均	47

資料：FAO Database

食生活へと大きく変化すると予測される。それゆえアジア諸国はいずれ表7の世界平均（一人一日総消費カロリーに占める穀物カロリーの割合四七パーセント）から先進国平均（同三〇パーセント）へと、その食生活の内容を変化させることになるだろう。言い換えれば今後は穀物消費カロリーの増加による総消費カロリーの増加という内容ではなく、むしろタンパク質や脂質の消費量増加による総消費カロリーの増加という方向と、カロリー以外の栄養分であるビタミン類の増加という方向へと変化すると考えられる。

こうした状況下で米以外の農畜産物が生産されることになり、そうした農産物流通・販売が必要不可欠になってくる。現在この変化がアジア各国で進みつつある。

2　飼料産業と飼料用トウモロコシ生産農家の流通チャネル

タンパク質は植物性タンパク質と動物性タンパク質の二種類に分けられる。今後、アジアの多くの国々は大豆を中心にした植物性タンパク質以外に、卵や肉そして牛乳といった動物性タンパク質を摂取するようになる。事実、インドネシアの場合、最近二〇年間の卵、肉、そして牛乳生産はそれぞれ一五パーセント、八パーセント、一三パーセントの伸び率になっており、食生活の変化が徐々に顕在化してきていることがわかる。

この食生活の変化に対して現在インドネシアでは鶏肉と卵が国内生産によって一定程度充足できるにしても、牛乳は十分ではなく、また他の畜産物は国内生産で国内需要の五〇パーセント程度しか充足できていない。したがって、こうした畜産物の需要を国内生産によって供給するためには、国内生産体制の確立が不可避である。そして、そのもっとも重要な課題が現在ほとんどを輸入している飼料用穀物の生産拡大であり、とりわけ飼料用トウモロコシの生産拡大である。その理由は同国が宗教上の理由で鶏の卵や肉を好んで食用としており、その鶏の飼料がトウモロコシだからである。

こうした飼料用トウモロコシの生産拡大が要請される中で、一九八〇年代初頭に同国の飼料産業をリードする二大飼料会社のコンフィード・インドネシア（PT. Comfeed Indonesia）とチャロエン・ポッパン（PT. Charoen Pokphand）が東ジャワに飼料用トウモロコシの生産工場を設置した。

この結果、飼料用トウモロコシを生産する農家とこれらの会社との間に流通チャネルが形成されることになり、これが農産物流通システムを少しずつ転換している。

3　農家と飼料会社の近代的関係の発生

いま指摘したようにインドネシアにおける飼料産業の一つの特徴は宗教上の理由などから飼料生産の九〇パーセント以上が鶏用飼料で占められていることである。そこで、まず鶏用飼料に占める飼料用トウモロコシの割合を見ると平均四六パーセントであり、鶏用飼料の約半分が飼料用トウモロコシから作られていることがわかる。こうしたことからアグリビジネスとしての飼料産業はいかに品質の良いトウモロコシを購入し、販売するかが主課題になる。

このうち前者の品質の良いトウモロコシを購入する方法として飼料会社は飼料用トウモロコシを購入する際に、購入価格と品質を連動させて品質をチェックする方法を採用している。その両者の関係を見たのが表8である。これで明らかなように飼料用トウモロコシは水分含有量によって一四等級に分けられている。もしトウモロコシの水分含有量が一七・三パーセント未満であれば、そのトウモロコシは標準購入価格で購入される。しかし、それ以

表8　黄色トウモロコシの水分含有量と標準購入価格の減額率

（単位：%）

等級	水分含有量	標準購入価格の減額率
1	17.2	0
2	17.3 ― 17.7	0.5
3	17.8 ― 18.2	1.0
4	18.3 ― 18.6	1.5
5	18.7 ― 19.0	2.5
6	19.1 ― 19.4	3.0
7	19.5 ― 19.9	3.6
8	20.0 ― 20.4	4.5
9	20.5 ― 20.9	5.2
10	21.0 ― 21.4	6.7
11	21.5 ― 21.9	7.5
12	22.0 ― 22.4	9.0
13	22.5 ― 23.0	10.0
14	23以上	購入拒否

他の検査項目

最大許容水分量：17%

未熟トウモロコシとファンガスの最大含有量：３%

白色トウモロコシの最大含有量：５%

屑トウモロコシの最大含有量：１%

アフラトキシンの最大許容量：250g中8粒

出所：PT. Comfeed Indonesia 資料（1990年）

上になると水分含有量の増加に伴って購入価格は低下し、水分含有量二二・五〜二三パーセント未満で標準購入価格の一〇パーセント減に相当する最低購入価格となる。そして、もし水分含有量が二三パーセントを超えてしまうと飼料会社はその飼料用トウモロコシを購入しない。

こうした飼料産業による品質管理の導入は生産農家や中間業者に品質管理の重要さ、とりわけ水分含有量の重要さを認識させた。なお、飼料会社は標準購入価格を都市に駐在する複数の大手中間業者（集散地仲買・精米商など）のその日の朝の取引価格情報によって決定している。

このように飼料産業の展開は農家や中間業者がこれまでそれほど注意を払わなかった品質管理や農家と飼料会社の流通・販売チャネルの確立の重要さに注意を向けさせ、しかもそうした自らの経営努力が農業所得の向上に直接結びつくことを認識させた。この観点から飼料産業の展開は農家や中間業者、とりわけ生産農家に市場競争原理に基づく経営者意識を浸透させ、農産物流通システムの近代化の重要性を認識させる結果になった。

4　飼料用トウモロコシの流通・販売システム

こうした状況下で展開している飼料産業の流通・販売システムについて、その実態を見ると以下になる。

⑴　飼料用トウモロコシの購入ルート

①　飼料会社における購買チャネル

表9は飼料用トウモロコシの流通・販売システムにおける中間業者の種類とその活動範囲別人数を実態調査によって整理したものである。これで明らかなように、まだ数多くの中間業者が購入ルートに介在して、従来の伝統的な自給自足型流通システムの性格が残っている。

そこでこれらの中間業者が介在する飼料用トウモロコシの購入ルートを実態調査からモデル化すると、それは「トウモロコシ生産農家→収穫請負人・小集荷商→精米・集荷商→集散地仲買・精米商→飼料会社」ということになる。

表9　流通ルートにおける中間業者の活動範囲と人数
――東ジャワの事例――　（単位：人）

	村　内	村落間	郡　間	県以上	計
収穫請負人	8	11	16	1	36
小集荷商	3	8	6	0	17
精米商	1	4	0	0	5
精米・集荷商	1	0	4	2	7
集散地仲買・精米商	0	0	0	10	10
計	13	23	26	13	75

資料：現地調査資料（1990年）

このように飼料会社は中間業者を通して飼料用トウモロコシを購入しているが、その購入方法にはつぎの二つがある。一つは、前もって契約した中間業者から飼料用トウモロコシを購入する契約購入方式とでも呼ぶべき方法であり、もう一つは、その都度購入する自由購入方式とでも呼ぶべき方法である。前者の契約購入方式は飼料用トウモロコシを計画的に購入でき、会社経営が安定化する方式であるため、各飼料会社は二〇以上の中間業者とこの方式による購入契約を結んでいる。この結果、飼料会社と中間業者との特定の結びつきが進むことになり、それが大手飼料会社と中間業者との系列化の要因になりつつある。この系列化の動きは自給自足型流通システムから市場型流通システムに転換する過程での必要悪でもある。

表 10　中間業者の購入価格・販売価格・中間マージン
——飼料用トウモロコシ——（単位：kg当たりルピア，戸）

	購　入		販　売		中間マージン
	価　格	調査数	価　格	調査数	
収穫請負人	188	2	214	31	26
小集荷商	199	20	219	15	20
精米・集荷商	213	4	227	3	14
集散地仲買・精米商	205	2	240	2	35
平　　均	201	—	225	—	24

資料：現地調査資料（1990 年）

②　中間マージンと飼料産業

表10は飼料用トウモロコシの購入ルートにおける中間業者の購入価格と販売価格、そして中間マージンを示したものである。これで明らかなように、もっとも高い中間マージンを得ているのは集散地仲買・精米商であり、飼料用トウモロコシをキログラム当たり二〇五ルピア（一円≒一二・五ルピア）で購入して、それを二四〇ルピアで販売し、三五ルピアの中間マージンを得ている。この購入ルート全体の中間マージンは「トウモロコシ生産農家→収穫請負人・小集荷商（平均二三ルピア）→精米・集荷商（一四ルピア）→集散地仲買・精米商（三五ルピア）→飼料会社」となって、合計七二ルピアになる。この額は飼料会社が標準購入価格とする二六〇ルピアの二七・七パーセントに相当する。したがって、もしこの購入ルートに中間業者が介在しなければ飼料会社は

キログラム当たり一八八ルピアで購入できることになる。それにもかかわらず飼料会社は農産物の流通システムの中に多くの中間業者を介在させている。それは同国の飼料産業そのものがまだ市場型流通システムの初期段階であることや、同国の社会経済構造がそうした伝統的な自給自足型流通システムを必要としていることなどからであるが、しかし、飼料産業の行動から判断する限り、当面そうした方法を採用した方が経済合理性にかなっているからに他ならない。つまり飼料会社は農産物流通システムに介在する中間業者の中間マージンを見込んでも既成の購入ルートを利用した方が、何人もの集荷労働者を何日間も使って少量ずつ集荷するよりも、はるかに経費が少なくて済むし、また品質の面でも管理しやすく、品質の良いトウモロコシが容易に集荷できるためである。

(2) 飼料用トウモロコシの販売ルート

① 飼料会社の販売チャネル

飼料会社が購入した飼料用トウモロコシは飼料会社の加工過程を経て付加価値の付いた商品として販売される。そしてその販売はまず広域で活動している集散地仲買・精米商に販売され、つぎに小売商に販売され、そして鶏飼養農家に販売されるといった販売ルートになる。このように飼料会社は販売ルートにおいても購入ルートと同様に、中間業者が介在する既存ルートを利用している。

この販売ルートで発生する中間マージンを最近の卸売商と小売商の販売価格の事例によって見ると、両者の販売価格がキログラム当たり六一〇ルピアと六二五ルピアであり、卸売商から小売商に流通する間にキログラム当たり一五ルピアの中間マージンが発生したことになる。このように販売ルートでも中間マージンが発生し、これによって最終販売価格は割高なものになる。こうした中間マージンを排除するために最近では既存の販売ルートを通さずに飼料会社と生産農家とが直接取引する新たな動きが部分的ではあるが現れてきている。この動きは飼料産業が市場参入したことによって生じた新たな動きである。

ところで、飼料会社は販売価格を標準購入価格の決定方法と同様に、町や都市に活動拠点を持つ集散地仲買・精米商などから得た情報によって決定する。ただその際、その販売価格はライバル会社のものよりも若干安くする傾向にある。また飼料会社は販売促進を図るためにキログラム当たり六~七ルピアのリベートを中間業者に提供している。こうした飼料会社の動きは飼料用トウモロコシの販売戦略であると同時に、飼料会社と中間業者との特定の結びつきを強めることでもあり、ここでも次第にゆるやかではあるが系列化が始まっている。

飼料産業はこうした特定化の動きを始めているが、それと同時に関連産業を育成する役割も担っている。事実、当地域には飼料用トウモロコシの生産増加に伴って、それを詰めるプラスチック製袋を製造する関連産業が興隆しつつある。

② 輸送と貯蔵施設

飼料会社と中間業者との違いの一つはその資本力にある。その象徴的なものが貯蔵施設である。資本力の大きい飼料会社は大体二〇〇〇～三〇〇〇トンの貯蔵能力を持つ飼料用トウモロコシの貯蔵サイロを四～五個所有する。こうした貯蔵能力の高い貯蔵施設の所有によって、飼料会社は市場の動向に合わせた計画的で、かつ長期的な販売が可能になる。この点、従来の中間業者はそうした貯蔵能力の高い貯蔵施設は所有しておらず、市場対応能力は低い。

一方、農産物流通システムの効率性は輸送手段にある。飼料用トウモロコシの場合は中間業者が輸送手段を支配しており、飼料会社がそれを利用するというシステムになっている。中間業者が所有する輸送手段としては、短距離輸送では〝ピックアップ・トラック〟ないしは五トン以下の中型トラックであり、長距離輸送では大型トラックあるいは大量の飼料用トウモロコシを輸送する超大型トラック〝ガンデンガン〟である。この〝ガンデンガン〟は大量輸送用なので、それだけ輸送費が引き下げられる。輸送費はキロメートル・キログラム単位で計算され、遠距離輸送ほど輸送費は割安になる。たとえば、ある飼料会社が中間業者に飼料用トウモロコシを輸送してもらう場合、その輸送費は輸送距離一五〇キロメートル以内の短距離輸送ではキログラム当たり三〇ルピアであるが、二〇〇キロメートルを超えるような長距離輸送ではキログラム当たり八ルピアから一〇ルピアと割安になる。

このように飼料用トウモロコシは飼料会社が貯蔵能力の高い貯蔵施設に中間業者が所有する輸送手段を用いて飼料用トウモロコシを集荷・貯蔵し、さらにそれを中間業者の輸送手段を用いて販売するといった過程になっている。飼料用トウモロコシの流通過程では飼料会社と中間業者の役割分担がはっきりと決まっている。

5　飼料産業の展開と農産物流通システム

最後に飼料産業の展開が農産物流通システムに与えた影響について整理しておこう。

まず第一は、農産物流通システムにおける近代化の進行である。たとえば飼料産業の販売ルートにおいて考察したように、飼料会社と大規模養鶏農家は販売ルートに介在する中間業者を排除した直接取引を始めている。これは従来の伝統的な自給自足型流通システムから近代的な市場型流通システムに転換する一過程といえる。

第二は、先に指摘した農産物流通システムの近代化に伴って、そのシステムが二重構造化してきていることである。つまり従来の伝統的な自給自足型流通システムに加えて、市場参入した飼料産業と農家との直接取引という二重構造が形成され始めている。

第三は、購入ルートや販売ルートにおける飼料産業と中間業者とのゆるやかな系列化の進行である。飼料産業が高品質の農産物を安定的に確保するために中間業者にリベートを提供することなどを通して、飼料産業と中間業者との結びつきが特定化される傾向が強まっている。

第四は、農産物流通システムを通過する農産物の性格変化である。従来の伝統的な自給自足型流通システムでは収穫された農畜産物をそのまま農家から消費者に移動するだけの場合が多く、新たに付加価値を付けて流通させることは少なかった。しかし、飼料産業によって形成された近代的な市場型流通システムではその農産物に何らかの付加価値をつけて流通させる。たとえば飼料産業では他の材料を混ぜたり、あるいは製粉したりして付加価値を高めている。この点、従来の伝統的な自給自足型流通システムとは異なる。

第五は、農産物市場の取扱量とその範囲が拡大したことである。従来の伝統的な自給自足型流通システムの取扱量およびその範囲は少量で、かつ狭域であったが、飼料産業の展開によって農産物流通システムが近代的な市場型流通システムに変わってきているため広域で、かつ一時に大量の商品を取り扱うようになった。

第六は、個人の能力に依存する従来の伝統的な自給自足型流通システムから組織的能力に依存する近代的な市場型流通システムに変化していることである。従来の伝統的な自給自足型流通システムは個人の能力に依存するシステムと考えられるのに対して、飼料産業における農産物流通システムは企業という組織によって支配されるシステム、すなわち組織的能力に依存する近代的な市場型流通システムである。

第六章　アジア主要稲作国の農業近代化と日本の食料貿易

アジアの農業近代化の展開はアジア各国が抱える内的要因と国際貿易といった外的要因の相互作用によって急速に展開する。そこで、ここではアジアの多くの国々の農業近代化にとって主要な外的要因になる国際貿易、とりわけ日本との食料貿易について考察する。

1　市場原理の浸透——日本化とアメリカ化——

日本資本は食料貿易を通じて、アジア各国とりわけ開発途上国に市場原理を浸透させてきている。しかし、そうした市場原理の浸透には日本資本だけが関与しているわけではない。そしてこのことはアジア各国の輸出総額に占める日本への輸出額割合が殆ど停滞もしくは低下傾向を示している点でも明らかである。

日本に石油を輸出しているインドネシアは同国の輸出総額の五〇・五パーセントが日本への輸出であり、これは例外としても、他の諸国は大体一〇～二〇パーセント水準であり、特別日本への輸出額だけが増加しているわけではない。その意味でアジア各国は日本のみならず、他の諸外国との貿易関係をも強めているのである。その中でもとりわけアメリカとの関係は日本を上回る勢いになっている。

アジアの多くの国々は貿易全般にわたって、日本化とアメリカ化が進行している。アジアの農業・農村は日本資本とアメリカ資本を中心とした市場原理という枠組みの中に大きく組み込まれてきているのである。

2　食料輸出における日本化の実態

ところで、日本がアジア諸国から多くの食料農産物を輸入する食料輸入のアジア化はその立場を代えれば、アジア諸国における食料輸出の日本化でもある。そして、それは日本市場への食料輸出を一つの契機として、アジア諸国の農業・農村が市場原理に大きく組み込まれていく過程であり、農業生産システムと農産物流通システムの近代化過程でもある。

そこでまずアジア諸国における食料輸出の日本化の実態を日本への食料輸出額の推移によって見ると、それはつぎの三グループに分類できる。

第一グループ（高水準・増加グループ）：このグループは台湾、韓国、中国といった東アジア地域の国からなり、その輸出額の伸びは急速で、台湾、韓国、中国それぞれが、五四パーセント、七九・四パーセント、一一五・七パーセントの高率を示している。

第二グループ（中水準・増加グループ）：このグループは東南アジア地域のタイ、フィリピン、インドネシアなどの国々が属し、輸出額水準もちょうど第一グループの次に位置している。そして輸出額の推移は一九八〇年以降一九八五—六年頃まではほとんど変化がなく、その後増加傾向に転じ始めたグループである。

第三グループ（低水準・停滞グループ）：このグループは輸出額水準が第二グループをはるかに下回り、しかもその推移は今日までほとんど停滞したままのグループである。このグループにはマレーシア、シンガポールなどの東南アジア地域の国とパキスタンなどの南アジア地域の国が属している。

以上のように日本への食料輸出額の水準とその推移から、アジア諸国は大きく三グループになる。そしてこの三つのグループはおおむね各地域に照応する。すなわち第一グループは東アジア地域に、第二グループは東南アジア地域に、そして第三グループは主として南アジア地域に照応する。このことはアジア地域における食料輸出の日本化の程度が日本とアジア各国との位置関係、すなわち日本との距離が近い地域ほど高く、遠い地域ほど低くなるといった関係にあることを示している。

3　農業近代化と工業化の併進——食料輸出の内的メカニズム——

アジア各国における食料輸出の日本化は全体として強まる方向にある。しかしこの日本化の方向、換言すれば日本に向けて一次産品としての食料農産物の輸出を促進するような方向は国内に存在する内的メカニズムと日本からの外的メカニズムの相互作用の中で形成される。そこで、まず前者の内的メカニズム、すなわちアジア各国がその農業・農村の中に内包する日本化の内的メカニズムを考察してみよう。

アジア各国とりわけ開発途上国は人口増加が著しい。そしてこの増加する人口の扶養のためには農業近代化によって農業生産性の向上を図らなければならない。しかしその近代化には、農業機械、肥料などの近代的農業財が必要であり、それらが工業部門から供給されてはじめて確立できる。その意味で理想的な農業近代化は工業化との同時併進的な発展によって形成される。

開発途上国では農業部門と工業部門の併進があって、はじめて農業近代化は進む。インドネシアの食糧自給の達成はその一例である。すなわちインドネシアでは石油価格高騰時に化学肥料産業を育成し、安価な化学肥料の国内自給体制を確立した。その結果として農業生産性は高まり、食糧自給は達成されたといわれている。これはまさに工業化の展開に伴う農業近代化であり、工業部門と農業部門の併進的発展の重要性を示すものである。

開発途上国における工業化は、次の三つの方向がある。

第一はプランテーションなどで大量生産された単一農産物を輸出することによって外貨を稼ぎ、それをもとに先進国から技術や機械、設備などの工業化に必要な財を導入しようとするモノカルチャー工業化の方向である。

第二は、国内において、ある程度生産可能になった工業部門を保護し育成するために、そうした工業部門で生産される製品の輸入については、高関税や輸入数量制限などを課し、外国からの輸入規制をすると同時に国内購買力を高めて需要と供給の両側面から国内企業を育成しようとする輸入代替工業化の方向である。

第三は、輸出産業に対して、補助金の交付、事業所得税の減免、豊富な輸出金融などといった厚遇政策を実施して、輸出産業の育成を図る中で工業化を進めていく輸出志向工業化の方向である。

開発途上国はこれら三つの方向のいずれかを選択することによって工業化を図ってきている。しかしいずれにしても工業化の初期段階においては、工業化に必要な基礎的機械や設備などを外国から輸入しなければならない。そしてその輸入に必要な外貨は日本などの先進工業国への食料輸出などによって調達することになる。ここにアジア各国における日本化の内的メカニズムが存在する。

このようにアジア各国は農業近代化や工業化の推進といった国内的要請のもとで、日本との食料貿易を推進しなければならないが、その他に両者にはつぎのような理由も存在していた。第一は、一次産品としての食料輸出によって少しでも日本との国際収支の不均衡を解消する必要があったこと。第二は、日本には一次産品を輸入する資金力とそれを購買する巨大市場が存在したこと。第三は、アジアから日本への食料輸出の多くはその地域特有の産物が多く、かつエスニック・ブームなどによって熱帯産果物や野菜に対する新規需要が発生していたこと、等々がその理由である。

こうしたアジア各国における日本化の内的メカニズムは、今後その機能を一層増す方向にある。それはアジア各国が従来採用してきた輸入代替工業化の政策が自国の国内市場の狭隘さなどから、すでに限界に達しつつあり、今後アジアの多くの国々が輸出志向工業化の方向に政策転換する可能性を持つからである。それ故、もし多くの国々がその方向に政策転換するならば、その工業化に必要な物財の多くをアジアで唯一の先進工業国である日本から輸入せざるを得ない状況にある。そしてその見返りとして日本への食料輸出が一層進むことにもなる。こうしたことから日本はそれらの国々の食料輸出市場としてますます重要になり、それにつれてアジア各国における日本化もさらに進む。つまり内的メカニズムの機能の一層の強化である。

4　日本食料資本の進出——食料輸出の外的メカニズム——

こうしたアジア各国と日本との相互関係の中で食料貿易は形成されてきている。しかしそうした食料貿易を確立するためには貿易ルートの形成が必要になる。そしてその貿易ルート形成の方法には、次の二つが考えられる。一つは、アジア各国の特産品である熱帯産果物などに貿易業者が目をつけ、その貿易業者のイニシアティブによって特産品輸出ルートの形成を図る方法であり（「特産品輸出方法」）、もう一つは、開発途上国の労賃の安さなどから、日本の食料品製造業者が現地に進出して、ある程度まで原材料を加工してから、それを日本に逆輸出する方法（「逆輸出方法」）である。

このうち前者の特産品輸出方法は魚介類、さらにはバナナ、パイナップル、そしてコーヒー・ココア等々を対象にする方法であり、相当以前から形成されてきている。その意味で、今日、重要になってきているのは逆輸出方法である。そこで、この逆輸出方法による食料貿易ルートの形成について見ておこう。

近年、日本からアジア諸国に多くの食料品製造業が進出するようになったが、その背景には日本の食料品製造資本の進出を可能にするアジア諸国の受け入れ条件の醸成と日本の食料品製造業資本の経営戦略の一致がある。

そこでまず前者のアジア諸国の受け入れ条件の醸成について見ると以下の条件整備の進捗が考察される。第一は、アジア各国における近年の経済成長と国民所得の増大が各国の政治、経済を安定させ、日本の海外進出業者に安心感を与えていること。第二は、日本に比べて賃金コストが低く、かつ労働力の質も比較的良いこと。そしてそのため訓練効果も高くなること。第三は、国民性が穏健であること。第四は、経済活動が自由で、活発であること。第五は、原料が豊富に存在すること。第六は、アジア各国は国策として輸出振興に力を入れていること。第七は、アジア各国が外国からの投資を奨励していることである。これらが日系食品企業の進出を可能にしている条件である。

一方、こうした受け入れ側の条件整備に対して、後者の日本の食料品製造業の経営戦略はどうであろうか。その内容を海外進出の目的によって見ると、その目的のトップは日本向け輸出である。このことは日本の食料品製造業の海外進出の目的が従前の単なる原材料確保といったことから変化してきていることを示している。つまり、従来こうした食品製造業の海外進出の目的はわが国への素材供給の確保がその中心であり、その段階では日本への逆輸出といった目的はなかった。しかし、最近では、円高の定着や市場開放の動きなどによって、日本よりも人件費が安く、しかも労働の質や技術水準が高く、原材料確保も容易な海外において、かなりの程度まで原材料を加工して、日本に逆輸出するといった経営戦略をとる企業が増えている。そうした背景の中で日本への輸出といった海外進出目的がトップになってきていると考えられる。

このようにアジア地域への日本の食料品製造業の進出はアジア各国の受け入れ条件の醸成と日本の食品製造業の海外進出目的とが一致したからに他ならない。しかし、いずれにしてもアジア各国から日本への食料輸出には日本食料品製造業資本が自らの利益のために、食料貿易ルートを形成するといった外的メカニズムが強く機能している。すなわち、アジア各国の日本化の実態は日本の需要力の増大に伴って、むしろ需要側から供給側の潜在的供給力を掘り起こし、それを契機に食料貿易ルートを形成して、日本への食料輸出がさらに拡大するといった外的メカニズムが機能しているのである。

第七章　農業近代化の展開と伝統的農村共同体の論理

1　稲作栽培と伝統的農村共同体
――農業インヴォリューションと貧困の共有――

アジアの伝統的農村共同体は相互扶助による互恵平等を目的とする行動原理によって規定された社会であり、生産によって獲得された経済的パイは互いに等しく分け合う社会である。この原理はかつて日本でもそうであったように生活水準が低く、生活に困窮している状況下では経済合理性に基づく競争原理によって生活環境が大きく変えられるような行動原理は好まれない。アジアの農村は変化の少ない安定した社会が志向され、その社会の行動原理として互恵平等が優先される。そして、そうした社会の基盤に稲作栽培がある。

稲作栽培がそうした社会的基盤として位置づくのは、稲作栽培が高い雇用吸収力を持つからである。それは第一に、稲作栽培には耕耘、代掻《しろかき》、田植え、除草、収穫、脱穀、水管理など、多くの集約的管理作業があり、そのために多くの農業労働力を必要とすること。第二に、この地域では稲の栽培期間の短縮によって、二期作、三期作が可能になっており、それだけ農業労働力が吸収できること。第三に、稲作栽培は古くから受け継がれた慣習的技術が

表11　農業就業者1人当たり耕地面積　（単位：a）

	1970年	2000年	増減率（%）
ベトナム	31	20	−35
バングラデシュ	35	23	−34
インド	101	68	−32
インドネシア	126	90	−28
マレーシア	232	448	+93
ミャンマー	79	42	−46
ネパール	62	48	−22
パキスタン	164	109	−33
フィリピン	105	96	−8
スリランカ	94	60	−36
タイ	99	110	+11

資料：FAO Database

主であり、誰でもがその技術を修得しているため、雇用しやすいこと。そして第四は、同地域ではまだそれほど農業機械化が進んでいないために、ほとんどの作業は手作業に頼らざるを得ないこと、等からである。

しかし、こうした稲作栽培の雇用吸収力の高さはその一方で限定された農地に過剰なままでの農業労働力を抱え込んでしまうことにもなる。そしてこれがアジアの伝統的農業・農村を内的に変える要因にもなる。つまりアジア各国、とりわけ開発途上国の人口増加は急速であり、年平均およそ三〇〇〇万人もの人が増加している計算になる。こうした人口増加は結局農村人口の増加を意味し、その結果として耕地は細分化される（表11）。そして耕地の細分化は所得低下を一層進めることにもなる。しかし、そうした状況にもかかわらず、従来の伝統的農村共同体においては農民層の分化・分解は発生しなかった。この状況を人類学者クリフォード・ギアツ教授(注1)は農業インヴォリューションと貧困の共有という二つの概念で説明した。

このうち農業インヴォリューションとは過剰なまでに増加する農業労働力を最大限使って可能な限り多くの収量を、限られた一定規模の農地から求めようとする稲作生産の方法である。また貧困の共有とは人口増加に伴って農地は細分化され、農民一人一人の取り分は減少するが、それを農民が相互に分かち合うような人間関係である。

(注1) クリフォード・ギアツ (Clifford GEERTZ)

一九二六年アメリカ・サンフランシスコに生まれる。アメリカにおける文化人類学の第一人者。異文化理解のための独自の「解釈人類学」を提唱し、人類学ばかりでなく歴史学、社会学、哲学などをはじめとする現代人文社会科学に影響を与えてきた。

2　互恵平等社会から競争社会へ——伝統的農村共同体の内的崩壊要因——

稲作栽培がいかに雇用吸収力が高いといっても、農地の細分化が一層進む状況下で、農民が互恵平等の原理に沿って経済的パイを平等に分配するならば、結果として農民の所得水準は引き下げられ、最終的には生活の維持さえも困難な状況になる。まさにアジアの伝統的農村共同体を規定していた農業インヴォリューションと貧困の共有の状況が資本の論理のグローバリゼーションの中で終焉を迎えようとしている。

すでに指摘したように、アジアの伝統的農村共同体は相互扶助による互恵平等を目的とする行動原理によって規定された社会である。したがって、こうした社会では不平等をきたす競争社会は好まれず、変化の少ない安定した社会が志向される。しかし、一九七〇年代頃からそうした相互扶助と互恵平等を基本原則とするアジアの伝統的農村共同体は資本主義経済体制の基本原理である市場競争原理の浸透によって大きく変貌しつつある。

現にアジア諸国の農民の中には市場競争に負けて土地を売却し、自作農から小作農に、そして土地無し労働者にまで転落し、最終的には大都市のスラムに流出するといった者さえでてきている。またその一方で、そうした農家から売却された農地を取得して大規模土地所有農家になる農家層も出現してきている。この方向は市場メカニズムの浸透によって小作農や土地無し労働者層が増加すればするほど、大規模土地所有農家層が彼らを意のままに雇用できることになり、小作料の引き下げや小作契約期間の短縮など大規模土地所有農家層に有利な契約をして、大規模土地所有農家層の生産力が一層拡大することになる。

こうした大規模土地所有農家層と小作・土地無し労働者層が出現する結果として、従来アジアの伝統的農村共同体の行動原理として機能していた互恵平等原理の維持が困難になり、契約に基づく社会、すなわち市場競争原理に包摂された社会への移行が始まる。いわば今日のアジアの農村は農業インヴォリューションと貧困の共有といった互恵平等社会から市場競争原理を基盤とする競争社会への転換過程にある。

3　新技術の導入と拡大再生産——伝統的農村共同体の外的崩壊要因——

いまみたようにアジアの伝統的農村共同体はその内なるメカニズムによって崩壊しつつある。またその一方では外なるメカニズムによっても崩壊しつつある。

アジアの農村は人口が爆発的に増加しており、それにともなって農村労働力の多くが過剰労働となって農村に堆積し、その結果として農地は細分化される。そのため農民は収量増、すなわち土地生産性の向上を追求せざるを得なくなる。こうした状況下で各国とも土地生産性の向上に努めている。事実ほとんどの国で土地生産性が上昇している。しかし、この土地生産性をさらに向上させるためには、その向上を目的とした新技術の導入が不可避になる。

しかしそうした新技術の導入には資金力が必要であり、資金力のある富裕な農民のみが新技術導入によって収量増を招き、かつ生産費を引き下げることができ、資本蓄積が進む。こうした新技術導入がもたらす拡大再生産のメカニズムが機能する中で、富裕な農民とそうでない農民との格差はますます拡大する。そしてこの面からも伝統的農村共同体は崩壊していくことになる。すなわちこの資本蓄積に伴う拡大再生産のメカニズムの発生がアジアの伝統的農村共同体の外的崩壊要因の一つである。

4 農業生産力格差発現の契機

このように、今日、アジア諸国の伝統的農村共同体は市場競争原理の浸透に伴う農業近代化を契機に、農業生産力格差が発現し、それによって農民層の分化・分解が進み、既存の原理であった農業インヴォリューションと貧困の共有の枠組みが崩れ始めている。この現象はまさにかつて資本主義の出発点としてイギリスにおいて発生した土地囲い込み運動（注2）に始まる一連の近代化過程の中での資本家と労働者の創出過程に類似する。

（注2）土地囲い込み運動
イギリスではハノーバー朝（一七一四～一九一七年）全盛の一八世紀頃、毛織物業が興隆し、羊毛の需要が急速に増加した。この需要に応えるために羊毛の増産が必要になった。この増産による利益を見越した資本力のある農家が農地を買収して囲い込み、一層多くの利益を獲得して資本家に成長した。一方、農地を失った農家は生産者の身分から生産手段を持たない労働者へと変質した。ここに資本家と労働者の二大階級から成る資本主義制度が成立する。従来のイギリス農村の枠組みが毛織物業の興隆によって崩れはじめ、農村の中に資本家と労働者が形成され始めたのである。

資本は一連の運動を通して利潤を獲得する。そしてその獲得された利潤を蓄積し、投資することによって、さらに利潤を獲得するといった再生産メカニズムの中で、生産力格差は拡大する。そして資本の運動は具体的には商品を生産する生産過程とその過程で生産された生産物を商品として販売する流通過程における近代化として現れる。

まず生産過程における近代化を契機に生産力格差が発現するメカニズムをみるとつぎのよ

うになる。市場競争原理の農業・農村への浸透が生産性の高い農家とそうでない農家を市場競争を通じて分化させ、最終的に農民層の分解につながる。この市場競争に生き残るために農家は農業生産力の向上を目指して、農業生産過程での農業近代化を追求する。そしてこの農業近代化が実現できる農家こそが生き残れることになる。なぜならば農業生産力格差発現のメカニズムが農業近代化を契機に機能するからである。

図8でみたように農業生産力は人間の労働と生産手段の組み合わせによって決まる。したがって、もし人間の労働ないしは経営者能力が一定であるならば、農業生産力の向上にとって生産手段が重要になる。この生産手段は労働手段と労働対象によって構成されるが、このうち前者の労働手段は機械や道具、そして農地等であり、後者の労働対象は作物等である。

こうして農業生産力を考えるならば、農業生産力の格差は主として二つの要因によって発現することがわかる。一つは、市場競争原理が労働手段に作用して労働手段を変革し、農業生産力の格差を発現する場合であり、もう一つは、市場競争原理が労働対象に作用して労働対象を変革し、それが農業生産力の格差を発現する場合である。第三章で紹介した「技術変革による農業近代化——緑の革命——」は労働対象としての作物の変革を契機に、労働手段が自然依存型農業生産システムから資本依存型農業生産システムに変革する農業近代化によって農業生産力格差発現メカニズムが機能することを示したものである。

一方、流通過程における生産力格差発現の契機はいかに高価に売ることができるかである。したがって、流通過程の生産力格差発現の契機は高価に販売できるシステムが存在するかどうかになる。すなわち農産物流通システムの近代化である。一般に伝統的な農村社会は自給自足が基本であり、資本の論理が浸透してくるまでは生産物を売って儲けるといった発想は希薄であった。そのためアジアの伝統的農村社会では資本の論理の浸透によって、ようやくそうした契機が生まれ始めたといえる。

5 現代アジアの農業・農村の論理——アジア稲作共同体型メカニズムの発現——

第四章のベトナムの事例ですでに指摘したように、アジアの稲作共同体社会にはそれを貫くメカニズム、すなわち「アジアの稲作農業→アジア農村共同体社会の基盤→大量の農業労働力の吸収→市場メカニズムの機能→市場競争原理の浸透→生産性の向上→農業近代化の展開→アジア農村共同体社会の変質→過剰農業就業者の顕在化→都市への流出→都市周辺のスラム化」といった、いわばアジア稲作共同体型メカニズムとでも呼ぶべき論理が多くのアジア諸国で機能している。

そしてこのメカニズムの機能はアジア諸国を大きく二つの方向に展開させている。その一つはシンガポール、香港、台湾のように農村から都市への流出労働力を工業・都市に吸収し、ひいては工業化に重点を移して先進工業国に近づこうとするNICs（Newly Industrializing Countries：新興工業国または中進国）の方向であり、もう一つの方向はタイのように工業と農業を並進させて、一定水準の農業労働力を維持しながら農業も発展させるNAICs（Newly Agro-based Industrializing Countries：農業・工業併進型新興国）の方向である（詳細は第四章4「農村社会への影響」を参照）。

今後、アジア各国は農業近代化の急速な展開の中でNICsの方向か、それともNAICsの方向か、さらには第三の道を辿るかについて、現在、分岐点に差し掛かっているといえよう。

おわりに

本書はKUARO叢書（九州大学アジア総合研究センター叢書）である。したがって、その趣旨から現代アジアの農業、農村に関するやさしい入門書的な作品にしようと思って努力したつもりだった。しかし、読んでみるといままで私が執筆した専門論文とさほど変わらない難解な文章になってしまった。読者のみなさんに謝らなければならないが、しかし、読書百遍相通ずるということでお許し願いたい。

本書には口絵（一一枚）と本文中に写真（一〇枚）を掲載した。この口絵と写真が読者の心を和ませてくれることを期待する。なお本書に掲載した写真の多くは九州大学熱帯農学研究センター・緒方一夫教授の提供である。記して感謝する。

ところで、私はかねがねこうした作品を執筆してみたいと考えていた。そんな矢先、私の講座に所属し九州大学アジア総合研究センターの助手を併任している新開章司君が「先生書いてみませんか」と言ってきた。忙しいので無理かなと思いながら、ついYESと言ってしまったのが本書執筆の発端である。そんなわけで自らの責任とは言え十分に時間をとることができなかったことが悔やまれる。その結果、九州大学出版会の永山俊二氏には大変迷惑をおかけした。改めて感謝する。

なお本書は私がこれまでに書いた「アジア地域における『日本化』の展開メカニズムと農村社会の変貌」（矢田俊文・川波洋一・辻雅男・石田修編『グローバル経済下の地域構造』九州大学出版会、二〇〇一年）、「アグリビジネスの展開と農産物流通―インドネシアの事例―」（米倉等編著『不完全市場下のアジア農村―農業発展における制度適応の事例―』アジア経済研究所、一九九五年）、「東南アジア稲作と土地利用構造の変化」（和田照男編著『大規模水田経営の成長と管理』東京大学出版会、一九九五年）、「転換期における現代アジアの農業・農村」（和田照男編著『現代の農業経営と地域農業』養賢堂、一九九三年）、「第二の緑の革命と熱帯アジア稲作」（永田恵十郎編著『水田農業の総合的再編―新しい地域農業像の構築に向けて―』農林統計協会、一九九四年）等を改めて入門的な形でまとめたものである。

二〇〇四年三月十日

辻　雅男

〈著者紹介〉

辻 雅男（つじ まさお）

九州大学大学院教授（農学研究院），農学博士。

1973年東京大学大学院農学研究科博士課程単位取得修了後，農林省農業技術研究所，国際連合食糧農業機関（FAO），農水省農業研究センター室長，九州農業試験場農村計画部長を経て，1996年より現職。

専攻：国際開発論・農村計画学・農業経営学。

研究内容：東ヨーロッパ・東南アジア・南アジアを対象にした途上国農業・農村開発の理論と方法に関する研究および移行経済理論の研究。農村土地利用計画策定および農地評価の理論と方法に関する研究。農業経営政策および環境保全型農業に関する研究。

主な著書：『国際経済のグローバル化と多様化』（共著，2002年，九州大学出版会），『グローバル経済下の地域構造』（共著，2001年，九州大学出版会），『不完全市場下のアジア農村』（共著，1995年，アジア経済研究所），『大規模水田経営の成長と管理』（共著，1995年，東京大学出版会），『現代の農業経営と地域農業』（共著，1993年，養賢堂），その他。

〈KUARO 叢書 3〉

アジアの農業近代《のうぎょうきんだい》化《か》を考《かんが》える

——東南アジアと南アジアの事例から——

2004年 5 月20日　初版発行

著　者　辻　　雅　男

発行者　福　留　久　大

発行所　(財)九州大学出版会

〒812-0053 福岡市東区箱崎 7 - 1 -146

九州大学構内

電話　092-641-0515（直通）

振替　01710-6-3677

印刷・製本　九州電算㈱／大同印刷㈱

　ISBN4-87378-828-5

「KUARO叢書」刊行にあたって

九州大学は、地理的にも歴史的にもアジアとの関わりが深く、これまで、アジアの人々や研究者と様々なレベルでの連携が行われてきました。また、「アジア総合研究」を国際化の柱と位置付け、全学術分野でのアジア研究の活性化を目指してきました。

それらのアジアに関する興味深い研究成果を、幅広い読者にわかりやすく紹介するため、ここに「KUARO叢書」を刊行いたします。

二〇世紀までの経済・科学技術の発達がもたらした負の遺産（環境悪化、資源枯渇、経済格差など）はアジアに先鋭的に現れております。それらの複雑な問題に対して九州大学の教官は、それぞれの専門分野で責務を果たしつつ、国境や分野を超えた研究者と連携を図りながら、総合的に問題解決に挑んでいくことが期待されています。

そこで本学では、二〇〇〇年十月、九州大学アジア総合研究機構（KUARO）を設立し、アジア学長会議を開催、アジア研究に関するデータベースを整備するなど、アジアの研究者のネットワーク構築に取り組んでいます。二一世紀、九州大学が率先してアジアにおける知的リーダーシップを発揮し、アジア地域の持続的発展に貢献せんことを期待してやみません。

二〇〇二年三月

九州大学総長　梶山千里